KB121598

아토피를 이기는 면역 밥상

우리가족 아토피를 위한 88가지 계절요리, 아이밥

아토피를 이기는 면역 밥상

SEASONS FOOD FOR ATOPIC FAMILY

강석아(영양학 박사) 지음
이환용(한의학 박사) 감수

光文閣
www.kwangmoonkag.co.kr

PROLOG

아토피(Atopy)!

돌이켜 생각해 보면 나에게 아토피는 현실과 마주한 숙제이자 함께 가고 있는 동반자란 생각이 든다. 사랑하는 가족으로부터 아토피를 떼어 내야 했으며, 아토피를 옆에 두고 늘 고민하며 연구하고 컨트롤해야 하는 객체가 되었다.

2013년 《아톱푸드 힐링밥상》을 출판할 때 아토피피부염으로 인해 힘들어했던 남편과 아들은 이제는 건강을 되찾았고, 초등학생이었던 아들은 어느새 대학생으로 성장하는 기쁨도 누리게 되었다. 엄선한 식재료와 균형 잡힌 영양 공급을 통해 가족과 함께하는 《아토피를 이기는 면역 밥상》은 오늘도 나의 곁에서 기쁨과 행복을 전해주는 전령의 역할을 하고 있는 셈이다.

영양교사로 재직하고 있다 보니 학교에서 매년 식품 알레르기 학생 조사와 상담을 하고 있다. 전체 학생 수는 감소하고 있는데 식품 알레르기 학생이 증가하고 있는 것을 보면서 급변하고 있는 다양한 환경 요인으로 인해 식품 알레르기가 증가하고 있다는 언론 보도는 현실의 이야기임을 실감하게 된다.

인사 발령으로 새로운 학교에 부임하여 그 학교에서의 첫 급식 시간에 도시락을 먹고 있는 한 아이가 있었다. 예전에 급식을 먹다가 겪은 트라우마로 급식을 먹지 못한다고 했다. 아침마다 도시락을 싸는 어머니의 번거로움을 덜고, 친구들과 같은 음식을 먹으며 밝게 이야기를 나눌 수 있는 즐거움을 주고 싶었다.

어머니와 상담을 해보니 알레르기를 유발하는 식품이 많고, 아이가 급식에 대한 두려움을 갖고 있어 대체식 제공에 호의적이지 않았다. 상담을 몇 차례 시도하여 동의를 구하고, 아침마다 식단에 들어가는 재료에 대해 어머니께 설명해 드리면서 빼거나 대체해서 먹을 수 있는 식품에 대해 이야기를 나누어 다른 아이들과 함께 급식을 먹을 수 있도록 했다. 일주일쯤 지나자 어머니는 아이가 두려웠던 급식이 좋아졌다면서 감사의 말을 전했다. 급식 시간에 밝아진 아이의 표정을 보며 기뻤던 기억 역시 아토피 문제에 대한 고민을 멈추지 못하는 이유이다.

아토피피부염으로 지쳐 있는 아이와 그 아이 곁에서 더 지쳐 있는 엄마들을 위해 그리고 아토피피부염을 이겨내기 위해 먹거리를 어떻게 준비하고 먹어야 할지를 고민하고 있는 모두에게 건강한 치유 밥상이 되길 바라는 마음으로 나는 오늘도 면역력에 좋은 음식을 개발하고 정성을 다해 만들고 있다.

여러 사람과 함께 나누고 싶은 《아토피를 이기는 면역 밥상》으로 행복의 전제 조건이라 할 수 있는 '건강'이라는 우리의 염원을 함께 풀어보고자 한다.

마지막으로 책을 쓸 수 있도록 출판을 허락해 주신 광문각출판사 박정태 회장님과 임직원 여러분께 감사드리고, 이렇게 맛있는 음식은 처음 먹어본다는 말을 가끔 들려주며 엄지척을 아끼지 않는 두 아들, 그리고 예리한 조언과 칭찬으로 음식 만드는 기쁨과 힘을 주고 있는 남편에게 고마움을 전한다.

아토피(Atopy)는 그리스어가 어원으로 '비정상적인 반응', '기묘한', '뜻을 알 수 없다'는 의미입니다. 말 그대로 다양한 원인이 복잡하게 뒤엉켜 발병하고, 완화와 재발을 반복하는 것이 보편적인 증상입니다. 원인이 복잡하고 다양하다는 것은 그만큼 치료가 어렵다는 것을 뜻합니다.

아토피는 보통 생후 2~3개월의 영아에게서 흔히 나타나는데, 이를 해결하지 않고 방치하면 성인기까지 이어질 수 있습니다. 유전과 환경적인 요인, 피부 장벽의 기능 이상, 면역학적 문제, 온습도의 변화, 스트레스, 식품 알레르기 등 증상을 악화시키는 요인들은 무척이나 다양합니다.

아토피피부염의 한방 치료요법은 오장육부를 조화롭게 하여 어혈(瘀血)을 없애주고 면역력을 증강시키며 혈액순환을 도와주는 약재를 바르거나 복용하면 아토피를 치료할 수 있습니다. 한약재 중 '유근피'는 스트레스와 불면증을 다스려 마음을 편안하게 해주고 특히 염증을 잘 다스려 예로부터 종기 등 악성 피부병에 많이 쓰였는데, 여기에 어성초 등 다양한 약재를 첨가하여 조재하면 아토피피부염에 탁월한 효과가 있습니다.

한의학에서 양기(陽氣)는 생명력을 의미합니다. 생명력 자체라고 할 수도 있고, 생명력을 유지하는 데 필수 불가결한 요소이기 때문입니다. 지구상의 모든 생물체는 햇빛에 의해서 각기 필요한 에너지대사를 유지하면서 생명력을 유지합니다. 가장 바람직한 비타민 D 섭취 방법은 음식과 햇빛을 통한 방법입니다. 달걀노른자나 생선 간 등의 음식을 통해서도 섭취할 수 있지만, 필요한 양의 10%밖에 충족을 못 시키기 때문에 햇빛을 통해 자신의 피부로 광합성을 하는 것이 좋습니다.

식습관 역시 많은 영향을 끼칩니다. 의학의 아버지라고 불리는 히포크라테스는 "음식으로 고치지 못하는 병은 의사도 못 고친다."라고 했습니다. 동양 의학에서는 약식동원(藥食同源)이라 해서 음식이 약이라고 강조하고 있습니다.

강석아 박사님의 《아토피를 이기는 면역 밥상》을 아주 흥미롭게 읽으면서 거듭거듭 고개를 끄덕였습니다. 아토피 환자에게 꼭 필요한 책이라고 느꼈습니다. 우리나라는 4계절이 뚜렷한 계절적 특성이 있어 계절마다 다양한 음식 재료가 생산되기 때문에 면역력 증진에 좋은 제철 식품을 활용할 수 있도록 봄, 여름, 가을, 겨울로 분류하였습니다. 또한, 아토피피부염에 대한 이해를 돕고 개발 음식을 뒷받침해 줄 수 있도록 제시한 이론은 음식을 활용하는 데 많은 도움이 되리라 생각합니다.

이 책은 몸에 매우 유익하면서 아토피까지 치료할 수 있는 해법을 알려주고 있다는 점에서 큰 가치가 있습니다. 아토피피부염으로 고민하는 모든 분에게 일독을 권합니다.

평강한의원 원장 이환용

● CONTENTS ●

봄

SPRING FOOD

여름

SUMMER FOOD

가을

AUTUMN FOOD

겨울

WINTER FOOD

사계절

SEASONS FOOD

아토피 걱정은 덜고,
면역을 채우는 밥상

아토피피부염의 발병 원인은 명확하게 밝혀지지 않았지만, 유전적 · 환경적 · 면역학적 요인 등이 복합적으로 작용하여 발병하는 것으로 파악되고 있다.

아토피피부염을 악화시키는 인자로는 여러 종류의 피부 자극 유발 물질과 공기 중 알레르겐, 불량한 식습관, 즉석식품이나 가공식품에 포함된 향료나 방부제 등 다양한 화학 성분, 미생물 그리고 스트레스 등 다양한 요인들을 포함하고 있으며, 이러한 요인들은 현대 사회에 만연하여 더욱 증가하는 추세에 있다.

최근 미세먼지, 황사 등 갈수록 나빠지는 대기 환경과 서구화된 식습관 등으로 인해 약화된 피부를 더욱 자극하여 아토피피부염 재발 · 악화 요인으로 작용한다.

아토피피부염이 있는 영유아의 30%에서는 식품이 아토피피부염을 유발하고 악화시키는 요인으로 작용하고 있으며 식품 알레르기는 자세한 병력과 알레르기 피부 시험이나 혈액 검사 등으로 식품 특이 항체를 확인하여 진단할 수 있다.

그러나 검사 결과 양성반응이 나왔다고 해서 반드시 그 식품이 알레르기 원인 식품이 아닐 수 있으므로, 식품 유발 검사를 하여 증상이 발생 또는 악화되는지 그리고 원인 식품을 제거하여 섭취한 후에 증상이 호전되는지를 확인해야 한다.

　아토피는 대개 만성적인 경과를 보이는 만큼, 증상이 호전된 상태라도 환경오염, 잘못된 식생활 습관, 스트레스 등 아토피 유발 원인과 만나면 언제든지 재발할 위험이 있어 평소에 꾸준한 관리가 필요하다.

　따라서 아토피피부염 치료는 예방과 관리를 통하여 재발하지 않도록 식생활 수칙을 지키고, 적응하여 평범한 일상을 이어나가는 것이 완치의 개념이라고 할 수 있다.

　아토피피부염 환우의 원인과 증상이 개인에 따라 모두 다르기 때문에 본서에서 제시하는 음식들이 모든 아토피 환우들에게 같은 효과를 기대할 수는 없지만, 많은 연구 자료를 토대로 하여 면역 밸런스를 유지할 수 있는 식재료들을 선별하여 사용하였다. 또한, 알레르기를 최소화할 수 있는 조리법을 적용하였으며, 식품 알레르기 유발 인자 및 음식을 개발하게 된 근거를 제시함으로써 여러 가지 식재료를 활용하여 개인별 맞춤형 음식을 만드는 데 도움을 주고자 했다. 그러나 식품 알레르기가 있는 사람은 본서에서 제시하는 '식재료'를 반드시 확인하고 해당 식품이 있을 경우 제거하거나 대체 식재료를 사용해야 한다. 일반적인 식품 알레르기에 대해서는 명시하였지만, 개인에 따라 증상이나 정도가 다르고 아나필락시스 등 심각한 증상을 유발할 수 있으니 음식 조리나 섭취 전에 확인하도록 한다.

　아토피 걱정은 덜고, 면역을 채우는 식생활 지침을 실천해 보자.

아토피피부염
식생활 관리

첫째, 음식 재료에 대한 알레르기 반응을 파악한다(전문의 진단 필요).

• 식사요법은 원인 식품부터 확정 지은 다음 시작한다.

• 음식물 알레르기임에도 불구하고 그 사실을 모르고 장기간 음식물을 반복 섭취
하여 만성적인 알레르기가 발생할 수 있다.

• 영유아 때 알레르기를 일으켰던 식품들도 차츰 나이가 들어가면서 장 점막과 소
화효소의 분비와 면역 기능 발달로 섭취가 가능할 수 있다.

• 성장기 어린이들에게 근거 없이 음식물을 제한하는 것은 바람직하지 않다.

  ※ 음식 조절이 필요한 경우 전문의 진단을 통해 음식 처방을 받고, 지속적으로
  성장 상태를 체크해야 한다.

• 식품 알레르기가 있는 경우 대체 식품을 이용한 영양소 공급으로 영양적 균형을
이루도록 한다.

• 식품 알레르기는 몇 번씩 반복해서 먹다가 갑자기 알레르기 반응이 시작되는 것
이 특징이다.

둘째, 극단적인 음식물 제한은 신중하게 한다.

• 원인도 모른 채 무턱대고 음식을 가리는 것은 위험하다.

• 몸의 면역 시스템은 적당한 영양분이 골고루 공급되어야 원활하게 작동되는데 과
도한 음식 제한으로 영양분이 부족해지면 면역 시스템에 이상이 생긴다.

• 먹고 싶은 것을 못 먹게 하는 것 자체가 어린아이에게는 스트레스로 작용해 습
진이 악화될 수 있다.

셋째, 하루 세 끼 규칙적으로 먹는다.

• 편식을 하거나 과식을 하다 보면 소화 기능의 무리로 음식에 민감하게 반응하게 된다.

• 세 끼 식사를 규칙적으로 하고, 저녁은 적게 먹고 아침을 꼭 챙겨 먹는 습관은 아토피피부염을 치료하는 가장 기본적인 식생활 수칙 중 하나이다.

넷째, 물은 신체에서 받아들이는 만큼 충분한 양을 따뜻하게 마신다.

• 물은 피부의 활력을 높인다. 또한, 산화물이나 다른 독소들이 콩팥을 통해 배출되도록 한다.

• 수분이 부족하면 혈액의 농도가 높아져서 혈액이 끈적끈적하고 탁해져 체내의 산소와 영양분이 우리 몸 구석구석까지 전달되지 못한다.

• 식전 30분 전, 식후 2시간 후에 물을 마시는 것이 좋고, 식사 중에는 가능한 마시지 않도록 한다. 식사 중의 수분 섭취는 소화액을 희석시켜 위장병의 원인이 될 수 있다.

다섯째, 고른 영양 섭취로 균형 잡힌 식생활을 하도록 한다.

• 편중된 식사는 알레르겐을 늘리게 된다.

• 식이조절을 하면서 영양의 균형을 맞춰가는 것이 중요하다. 아토피성 피부염에 좋지 않다고 대체 식품 없이 무조건 제한하는 것은 영양 불균형을 초래할 수 있다.

• 다양한 음식 섭취는 식사의 질이 높아져 아토피피부염 발생 위험도가 감소한다.

여섯째, 즐겁게 식사를 한다.

• 음식은 기(氣) 덩어리로 음식의 기운 자체로 효과를 나타낸다.

• 식사를 즐기는 것도 면역력을 높이는 방법 가운데 하나이다.

아토피
식단 가이드

① 식품첨가물과 각종 화학 성분이 배제된 식재료를 사용한다.

채소류에 남아 있는 잔류 농약 문제와 농수축산물에 쓰이는 항생제 때문에 인체 면역계에 야기될 수 있는 문제점을 고려하여 친환경 식재료를 사용하도록 한다.

② 계절에 맞는 음식 재료를 이용한다.

제철 채소는 인위적으로 농약을 첨가하거나 성장 촉진제를 첨가하지 않아도 대부분 잘 자라는 특성이 있으며, 제철 음식은 그 환경에서 살아가는 사람에게 가장 적합한 음식이다.

제철 음식은 그 계절에 필요한 영양소를 가장 많이 함유하고 있는 음식이므로 제철 음식 섭취로 면역 체계가 균형을 회복하여 면역력을 높이도록 한다.

③ 소화가 잘되는 조리법과 식재료를 선택한다.

소화장애로 비장 기능이 약하면 아토피피부염이 악화된다. 음식을 조리할 때 소화가 잘되도록 만들면 아토피에 보다 안전하다. 장내 소화율도 식품 알레르기를 결정하는 중요한 요인이 된다.

④ 냉동 가공식품 및 인스턴트식품을 사용하지 않는다.

인스턴트식품에는 화학조미료, 방부제 처리가 되어 있으며 기름에 튀기는 조리법으로 생산된 음식이 많다. 이와 같은 음식을 먹게 되면 혈액 속에 많은 독소가 생성되며 이것을 없애기 위하여 활성산소는 대단위로 발생하여 과산화지질 형성의 원인으로 작용하여 결국 피부의 가려움증이 심화될 뿐 아니라 피부염은 더욱 악화된다.

⑤ **현미밥 중심의 잡곡밥으로 구성된 식단을 제공한다.**

현미에는 세포의 원료가 되는 단백질과 면역의 열쇠가 되는 미네랄과 식이섬유, 신진대사를 촉진하는 비타민 등 신체에 필요한 영양소가 골고루 함유되어 있다. 또한, 백미에 비해서 비타민, 무기질, 섬유소 함량이 풍부하고, 같은 양의 백미에 비해 열량이 적어 아이들의 과도한 열량 영양소 섭취와 비타민, 무기질의 조절 영양소 부족으로 인해 유발되는 영양 불균형의 완화 효과가 있다. 단, 소화력이 약한 사람이나 저작 능력이 저하된 사람은 현미밥보다는 오분도미나 칠분도미 섭취를 권한다.

⑥ **항산화 작용이 뛰어난 식재료를 선택한다.**

채소와 과일 섭취의 감소로 인한 항산화 비타민의 낮은 섭취가 아토피 질환의 증가와 관련이 있다. 채소 등에 함유되어 있는 항산화 영양소의 충분한 섭취는 아토피피부염의 유발 및 예방에 긍정적인 효과를 준다.

⑦ **발효식품을 먹는다.**

발효식품이란 미생물 작용에 의해 발효 및 숙성시킨 식품으로, 발효식품을 먹으면 미생물 자체를 섭취할 수 있어 미생물 자체가 지닌 고유 영양소와 발효 과정에 생기는 효소까지 더해져서 신체의 면역 기능이 자라도록 해주며, 미생물의 분해 능력에 의해 식품의 소화 흡수를 좋게 한다.

⑧ **식이섬유를 충분히 섭취한다.**

식이섬유는 장관을 자극하여 장의 활동을 돕고, 우리 몸에 불필요한 이물질이나 과산화지질을 흡착해서 변과 함께 배출하여 장 속에서 소화를 돕는 유익균이 늘어나 면역력이 높아진다.

⑨ **해독 효과가 있는 식재료를 선택한다.**

살아가면서 자신의 의지와 상관없이 섭취하게 되는 중금속, 만성적인 피로, 육식 위주의 식생활과 인스턴트식품의 과도한 섭취, 약물 등에 의해 생성된 독소는 활성산소 증가를 초래하게 된다. 활성산소를 제거할 수 있는 노폐물과 독소의 배출로 자연스럽게 면역력은 높아지게 된다.

⑩ **면역 밸런스를 유지할 수 있는 식재료와 조리 방법을 적용한 식단을 구성한다.**

아토피는 단순 피부 문제만이 아니라 면역 체계에 문제가 생긴 것으로 면역 과민반응으로 인한 밸런스를 유지하는 것도 중요하다. 환절기에는 특히 면역 력을 높이는 것이 중요하다. 면역력이 높아지면 감염 방어 능력이 생기고, 노 화와 질병을 예방하고 건강을 유지할 수 있는 기틀이 마련된다.

⑪ **조리 시 인공 첨가물을 사용하지 않는다.**

식품의 보존성과 안전성을 위해 인위적으로 사용되는 식품첨가물이 동물 실 험 결과 안전하다고 해서 인간에게도 안전하다고 볼 수 없다. 식품첨가물이 함유된 가공식품만 먹으면 가려움증이 심해지고, 알레르기 발생과 두통을 호 소하는 사례는 식품첨가물의 문제점을 지적하고 있다. 건강한 밥상은 좋은 원료에서 비롯된다.

⑫ **튀김은 제한하고 조림, 찜, 무침의 조리법을 선택한다.**

기름기 많은 음식에 들어 있는 지방 성분은 우리 몸속에서 단백질이 분해되 면서 생기는 활성산소와 결합해 과산화지질이라는 물질을 만들게 되는데, 이 과산화지질은 우리 몸의 세포를 파괴하는 역할을 하기 때문에 알레르기 증상 및 아토피성 피부염을 더욱 악화시킨다. 따라서 기름에 볶는 조리보다는 찜 이나 무침과 같은 조리법을 선택하되, 기름에 볶을 때는 가능한 적은 기름을 사용하고, 기름 대신 물로 볶는 방법을 권한다.

⑬ **자극적인 음식은 제한한다.**

짠 음식은 칼슘 흡수를 방해하여 뼈 성장을 저해하므로 가능한 저염식으로 준비한다. 체내 칼슘이 부족하면 피부의 저항력이 감소하여 피부 가려움증이

야기된다. 또한, 나트륨 섭취 증가는 혈압 상승과 장내 유익균을 감소시켜 아
토피피부염 악화 요인으로 작용한다.

매운 음식은 열을 발생하여 가려움이 심해질 수 있으므로 자극적인 음식은
제한한다.

⑭ 설탕 사용을 제한하고, 지방은 정제된 기름보다 자연 상태 그대로 섭취한다.

너무 단 음식은 식욕 저하 및 면역 기능을 저해하므로 제한한다. 또한, 단 음
식은 세포를 약하게 하여 혈관이나 내장 뼈 등 세포가 약해질 수 있어 아토피
뿐만 아니라 전반적으로 문제가 생길 수 있다. 당질이 많아지면 과민 반응이
쉽게 일어나 아토피성 피부염이 유발될 가능성이 높다. 설탕은 체내에서 분
해될 때 칼슘을 빼앗고, 각종 대사 기능 방해 작용을 한다.

※ 식용유는 GMO 우려가 없는 원료로 생산한 것을 선택하고 기름 산패와 과
산화지질이 생성되지 않도록 과열하지 않도록 한다.

⑮ 유전자 변형 식품과 수입 원료를 사용한 가공식품을 사용하지 않는다.

신체가 형성되는 시기의 아이에게 유전자재조합식품, 화학약품으로 처리된
수입(원) 재료와 각종 식품첨가물과 GMO 등 국제적으로 식품의 안전성을
저해하는 요소로부터 보호해야 한다.

⑯ 음식 궁합을 고려하여 시너지 효과를 얻는다.

몸에 좋은 음식 재료가 독이 되는 것도 있다. 체질에 맞지 않는 식사는 질병
을 초래할 수 있다. 서로 궁합이 맞는 식품을 함께 먹으면 맛과 영양이 한결
높아진다.

PART

01

SPRING FOOD FOR ATOPIC FAMILY

봄

SPRING FOOD
FOR ATOPIC FAMILY

쇠고기구이와 돌나물유자청샐러드 | 한 접시

재료

쇠고기(안심 또는 제비추리 등 구이용) 170g(10조각 정도), 갈릭솔트 약간, 돌나물 100g, 산딸기 또는 블루베리 10개, 유기농 발사믹크림 약간

유자청 드레싱 유자청 4큰술, 올리브유 2큰술, 소금 1자밤

조리법

1 유자청 드레싱을 분량대로 만들어 섞는다.

   ※ 샐러드를 만들 때 제일 먼저 드레싱을 만든다. 미리 만들면 각 재료의 맛이 잘 어우러진 더 깊은 맛이 난다.

2 돌나물과 산딸기는 씻어 물기를 빼고 돌나물은 샐러드 접시를 채우도록 담은 후 돌나물 위에 유자청 드레싱을 뿌린다.

3 달구어진 팬에 쇠고기를 구우면서 갈릭솔트를 살짝 뿌린다.

4 고기가 앞뒤로 적당히 노릇하게 구워지면 꺼내 돌나물이 담긴 접시 위에 올린다.

5 고기 위에 돌나물을 얹은 후 그 위에 산딸기를 올리고 유자청 드레싱과 발사믹크림을 뿌린다.

아토피가이드

- 아토피를 비롯하여 알레르기 환자들에게서 일반적으로 보이는 아연 결핍 현상을 보이고 있으며, 아연은 학습 능력, 면역 기능, 성 기능, 혈당 조절 기능, 피부 건강 기능, 호흡기와 모든 점막 기능을 유지하는 데 아주 중요하다.
- 아연 수치가 정상적으로 유지되면 면역 기능도 높아져 아토피, 비염, 천식과 같은 알레르기 질환도 막을 수 있다.
- 동물성 식품 중에서는 붉은 살코기에 양질의 아연이 많이 들어 있으며, 아연이 부족하게 되면 생체막이 산화적 손상을 입어 물질의 운반이나 수용체에 장애가 생긴다.
- 돌나물은 비타민 C, 철분 및 칼슘을 많이 함유하고 있고, 그중 칼슘이 258mg/100g이나 함유되어 있으므로 골다공증에 유효하다.
- 마그네슘, 칼슘, 엽산 등의 미네랄도 몸 안의 중금속과 결합해 몸 밖으로 배출하는 작용을 한다. 체내의 유독 물질을 제거하기 위해서는 항산화 영양소가 많이 든 식품을 섭취해야 하는데 그런 식품이 바로 비타민 A, B, C가 풍부한 채소다.
- 유자는 구연산, 비타민, 다당류 등을 함유하고 있어서 새콤달콤한 맛을 내고 향기도 좋다. 유자의 신맛과 단맛은 간, 위장, 비장의 기운을 북돋아 준다.

돌나물딸기요거트샐러드 | 한 접시

돌나물 100g, 딸기 4개

요거트 딸기 드레싱 딸기 10개(중), 유기농 그릭요거트 5큰술(100g), 매실청 2큰술, 잣 3큰술(생략 가능)

※ 잣 알레르기는 반드시 잣을 빼고 소스를 만든다.

조리법

1 딸기, 매실청 2큰술, 잣 3큰술은 한데 섞어 믹서로 간 다음 그릭 요
거트를 섞어 준다.

2 돌나물은 억센 줄기가 있으면 잘라내 손질하고, 씻는 도중 으깨지면
풋내가 나기 때문에 물에 살살 흔들어 씻어 물기를 빼고 접시 가운
데에 담는다.

3 딸기는 반으로 갈라 돌나물 주변에 보기 좋게 담고 딸기 요거트 드
레싱을 돌나물 위에 듬뿍 뿌린다.

※ 딸기 드레싱이 돌나물에 가득 묻었을 때 더욱 풍부한 맛을 느낄 수 있다.

아토피가이드

- 돌나물은 라디컬 소거능, 식중독 유발 세균에 대한 항균성, 인체 위암세포 AGS 생존 저해 효과에 우수한 효과를 보이며,
노화 억제 효과, 항돌연변이 효과, 피로 회복작용 및 활력 증강작용이 있는 것으로 알려져 있다.
- 돌나물은 비타민 C, 철분 및 칼슘을 많이 함유하고 있어, 골다공증에 효과가 있는 것으로 알려져 있다.
- 아토피피부염 환자 25%에서 우유와 유제품의 섭취가 낮은 것으로 나타났으며, 많은 아토피피부염 아동들은 칼슘이 부족
한 식사를 하고 있어 구루병을 경험하는 경우도 보고되었다.
- 《본초강목》에서는 딸기는 신장에 좋으며 간을 보호하고 피부를 곱게 하고 머리를 검게 하며 폐질환에도 효과가 있다고
알려져 있다. 유리 및 결합형 페놀성 화합물과 안토시아닌을 함유하고 있으며, 항산화 활성과 인간의 간암세포인 HepG2
세포에 대한 증식 억제작용을 나타낸다.
- 아토피피부염에 효능이 있는 엘라그산은 폴리페놀성 항산화 물질이며 딸기, 피칸 등을 포함한 많은 채소와 과일에 함유
되어 있다.

식탁에 먼저 핀 봄꽃!
현미떡와플 베리꽃

3월은 어느 학교나 똑같이 치르는 큰 행사가 있다.

첫 출발과 시작을 축하하는 의식인 입학식!

축하하는 자리에 주인공을 더욱 빛나게 하는 꽃은 빠지지 않는다.

봄을 알리는 화사한 봄꽃, 뜨거운 여름을 견디는 여름꽃, 가을바람에 몸을 맡기는 가을꽃, 겨울의 상징 눈꽃!

사시사철 그 모든 꽃은 지친 우리의 몸과 마음에 꽃밭을 만들어 치유해 주지만 시간이 지나면 꽃이 시들듯 우리의 마음도 시드는 것 같다.

그러나 시들지 않고 오히려 입은 즐겁고, 기운을 샘솟게 하는 꽃이 있으니 빨리 소개해 주고 싶어 입이 근질거린다.

3월은 새롭게 시작한다는 설렘과 첫 출발이라는 긴장감으로 자칫 입맛을 잃기 쉬워 가족의 건강에 더욱 신경이 쓰인다. 특히 자녀들의 간식 걱정을 떨쳐버리지 못하는 엄마의 부담감도 만만찮다.

엄마의 부담감은 Down! 건강은 Up! 시킬 수 있는 현미떡와플 베리꽃으로 사랑스러운 가족들 식탁에 먼저 봄꽃을 피워 보자. 가족들이 지치기 전에 건강한 아침 식사로 또는 자녀들의 영양 간식으로 활력을 불어넣을 수 있을 것이다.

뇌는 포도당을 에너지원으로 사용한다는 것은 익히 알고 있을 것이다. 그래서 아침밥을 굶지 말라고 하는 이유도 여기에 있어 떡으로 아침밥을 대신하는 경우

가 많다. 떡은 포도당 공급원으로써 좋은 식품으로 백미보다 현미에는 뇌의 활성을 돕는 영양소가 2-4배가 더 많으므로 현미가래떡 사용하는 것을 추천한다.

요즘 건강식품의 대명사가 된 견과류는 면역력을 높이는 오메가-3 지방산의 흡수를 도와주므로 지치기 쉬운 봄철에 자주 섭취하면 좋다. 그중에서도 모양이 뇌와 비슷한 호두의 마그네슘은 스트레스의 충격을 완화시키고, 리놀산은 피로를 덜어주는 데 효과가 있다. 그러나 견과류에 알레르기가 있다면 섭취해서는 안 되므로 빼고 조리하도록 한다.

과일이나 잼 없이 가래떡 위에 견과류를 얹어 잘 구워진 와플만 먹어도 담백하고 고소한 한 끼 식사로 손색이 없다. 그렇지만 균형된 영양 섭취를 위하여 제철 딸기와 블루베리를 같이 섭취하도록 하자. 봄 과일의 여왕 딸기를 《본초강목》에서는 신장에 좋으며 간을 보호하고, 피부를 곱게 하고 머리를 검게 하며 폐질환에도 효과가 있다고 했다. 또한, 블루베리는 뉴욕 타임스지가 선정한 세계 10대 건강식품으로 기억력을 향상해 주는 항산화 물질인 안토시아닌을 함유하고 있으며, 면역력을 높이는 항산화제로 가득하다.

식탁에 먼저 핀 봄꽃! 현미떡와플 베리꽃은 입가에도 꽃을 피워줄 것이다.

03
현미떡와플 베리꽃 | 한 접시

재료

떡볶이떡 250~300g, 모둠 견과류(호두살, 헤이즐넛, 아몬드, 피칸, 캐슈넛) 30g,
검정깨 1큰술, 딸기 4알, 블루베리 30g(1큰술), 아카시아꿀 2큰술, 미강유 약간

 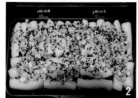  

조리법

1 견과류는 분마기로 대충 빻아 주고 검정깨 1큰술과 섞는다.

2 구워진 와플이 쉽게 분리되도록 와플팬에 미강유를 솔로 바른 후 떡볶이떡을 와플팬 위에 가지런히 올린다.

3 떡 위에 견과류와 검정깨 섞은 것을 넉넉히 얹어 뚜껑을 완전히 덮고, 센 불로 와플팬을 달군 다음 약불로 약 7~10분 정도씩 앞면과 뒷면을 굽는다.

※ 구워지는 동안 타지 않도록 뚜껑을 열어보며 살피도록 한다.

4 2등분한 딸기와 블루베리는 아카시아꿀과 섞어 구운 떡 위에 얹는다.

※ 구워진 떡와플만 먹어도 고소하고 한 끼 식사로 손색이 없다.

아토피가이드

- 현미에는 항암, 항산화, 혈압강하, 콜레스테롤 저하 등의 효과를 발휘하는 폴리페놀, 감마오리자놀, 가바, 옥타코사놀 등의 다양한 생리활성 물질이 함유되어 있다.
- 호두에 함유된 지방은 인체에 이로운 불포화지방산인 알파-리놀레닌산이라 불리는 오메가-3 지방산이 연어에 비해 3배 정도 많이 함유되어 있는 대표적인 노화 방지 식품이다. 호두 속의 오메가-3는 혈중 콜레스테롤을 감소시키고 혈압을 낮추어 주며, 동맥의 탄력성을 강화하는 작용을 한다.
- 베리류는 베리류 특유의 색, 폴리페놀 또는 가장 특별한 안토시아닌과 같은 물질이 항산화, 항염증 및 항암작용을 일으키는 데 중요하게 작용하는 것으로 알려져 있다.
- 복분자, 블루베리(재배종, 야생종), 블랙초크베리 및 오디는 아토피의 원인이 되는 염증성 사이토카인과 활성산소종 생성에 대한 저해 효과를 보인다.

아스파라거스&
김치현미떡피자 | 2인분

현미떡볶이떡 300g, 백김치(또는 배추김치) 110g, 아스파라거스 4개, 양파 ½ 개,
모짜렐라치즈 100g, 검정깨 1큰술, 생들기름 1큰술, 갈릭솔트 약간, 파슬리가루 약간
토마토소스 홈메이드멀티토마토소스 6큰술(226p 사계절 요리 참조)

조리법

1 아스파라거스는 씻은 후 송송 썰고, 양파도 콩알만 하게 썬다.

2 백김치나 배추김치는 속을 털어내고 꼭 짠 것 한 주먹 정도(100g)를
  송송 썰고, 생들기름 1큰술을 넣어 조물조물 무친다.

3 양파는 반씩 나누어 아스파라거스와 김치에 각각 섞는다.

4 토마토소스는 홈메이드멀티토마토소스 만든 것을 사용하도록 한다.

5 현미떡볶이떡은 내열 용기에 고르게 깔고 갈릭솔트를 뿌린 후 토마
  토소스를 떡 위에 고루 펴 바른다.

6 용기의 반은 아스파라거스와 양파 섞은 것을 떡 위에 올리고, 나머
  지는 김치와 양파 섞은 것을 올린다.

7 모짜렐라치즈를 맨 위에 도포한 후 검정깨 한 큰술과 파슬리가루를
  뿌려 200℃에서 10분 정도 예열된 오븐에 10~15분 정도 굽는다.

아토피가이드

- 아스파라거스는 비타민류뿐만 아니라 아미노산과 단백질이 풍부하고 특히 그린 아스파라거스는 화이트에 비하여 2배 이상의 비타민류를 함유하고 있으며, 비타민 B_1, 비타민 B_2, 칼슘, 인, 칼륨 등의 무기질이 풍부하다.

- 일반적으로 리그닌 화합물의 함량은 흰 참깨에 비하여 흑 참깨에 많이 함유되어 있는 것으로 알려져 있으며, 이외에 알파-토코페놀과 폴리페놀류 등의 여러 생리활성 물질을 함유하고 있다. 이들 리그닌 화합물들은 체내에서 간 해독작용을 촉진, 과산화지질 생성 억제, 저밀도 리포단백질 산화 억제, 장내 콜레스테롤 흡수 억제 및 당뇨 개선작용 등의 다양한 생체 조절 기능도 갖고 있다.

- 김치는 열량이 낮고 비타민과 무기질의 함량이 높으며 다양한 생리활성 물질이 많이 함유되어 있어 항산화, 면역 증강, 고혈압 예방, 항암 효과와 변비 예방의 효과가 있으므로 인체의 건강을 유지해 주는 데 중요한 역할을 한다.

현미쑥절편두부크림오픈샌드위치 | 두 접시

재료

현미쑥절편 240g(12개), 모둠견과 1봉(80g), 귤(작은 것) 1개, 산딸기 5알,
미니파프리카 1개씩(노랑, 빨강, 주황색)

두부크림소스 두부 ½모, 생들기름 2큰술, 유자청 2큰술, 레몬즙 2큰술, 참깨 2큰술, 소금 1자밤

조리법

1 두부 반 모를 배보자기에 넣어 꼭 짠다.

2 레몬은 반으로 갈라 레몬스퀴저를 이용해 레몬을 짜서 레몬즙을 낸다.

3 참깨는 분마기로 곱게 간다.

4 꼭 짠 두부와 레몬즙, 유자청, 소금 1자밤을 섞어 믹서로 곱게 간다.

   ※ 두부를 갈아주면 생크림처럼 부드럽고 농도도 생크림과 거의 흡사하여 우유
      알레르기가 있을 경우 두부를 우유 대신 사용하면 좋다.

5 귤과 딸기는 모양 그대로 썰고, 미니파프리카도 모양대로 동글동글
   하게 썬다.

   ※ 과일은 가급적 무농약 이상 제품을 사용한다.

6 현미쑥절편 위에 두부크림소스를 얹고 과일과 견과류 파프리카를
   올린다.

아토피가이드

• 쑥에는 비타민 A, C가 많이 들어 있어 감기를 예방하고, 해독과 소염작용 등이 있어 아토피피부염에 효과적이다.

• 들깨기름은 n-3계 불포화 지방산 리놀렌산을 약 60% 함유하는 다른 유지에서 보기 드문 고도 불포화지방유(요오드값 207)이다.

• 콩에 알레르기 반응을 보이더라도 단백질을 섭취해야 하므로 콩장, 된장찌개, 두유나 두부 그리고 순두부, 오곡밥에 들어가는 콩 정도는 먹이면서 돌보도록 한다. 두유에 알레르기 반응을 보이는 아이가 두부에는 반응하지 않는 경우도 있다.

애들아!
김밥 싸서 소풍 가자!

'도시락'과 '소풍'은 참 정겹고 아이들뿐만 아니라 어른들의 마음도 설레게 하는 마력이 있다. 그래서 그런가? 난 가끔 집에서도 일부러 도시락에 밥을 담아 먹었던 기억이 있다. 어떤 날에는 도시락에 고추장과 이것저것을 넣어 위로 아래로 옆으로 흔들어 "짜자잔 짠!" 하고 도시락 뚜껑을 열어 고추장과 반찬들이 잘 섞여진 밥을 그때의 기억을 떠올리며 먹기도 한다. 이 글을 쓰는 지금도 회심의 미소가 지어지며 침이 고이는 것은 음식의 맛을 넘어 추억의 맛 때문일 것이다.

공부보다는 도시락 먹는 재미로 학교를 다녔다면 거짓말이겠지만, 그만큼 도시락 먹는 재미가 쏠쏠했었다. 때로는 숨기고 싶은 반찬을 싸온 날 몰래 혼자 밥을 먹었던 아픈 기억도 있었지만 말이다. 그러나 지금의 아이들은 친구들과 모두 똑같은 음식을 먹고 매일 다른 반찬을, 그리고 집보다 더 좋은 식재료로 만든 영양의 균형을 갖춘 학교급식을 먹는다. 도시락에 대한 추억 대신 학교급식에 대한 추억이 자리할 것이다.

음식은 그리고 음식의 맛은 어른들도 아이들도 분명히 추억으로 자리한다. 김밥이 자연스레 소풍을 떠올리는 음식인 것처럼 말이다.

4월은 꽃샘추위도 물러가고 살랑살랑 불어오는 봄바람에 내 몸은 어느새 잔디밭에 돗자리를 깔고 사랑하는 가족들과 김밥을 먹고 있다.

나들이 가고 싶은 계절에 어찌 엉덩이가 들썩이지 않겠는가?

"애들아! 김밥 싸서 소풍 가자!"

오늘은 좀 더 색다른 김밥을 싸볼까?

시금치 대신 4~5월에 제철인 아스파라거스를 넣어 보자. 아스파라거스는 여러 가지 영양소를 많이 함유하고 있는데 성장기에 필수적인 단백질이 비교적 많이 함유된 채소이다. 특히 모세혈관을 강화해 주고 콜레스테롤 수치를 내려 주는 루틴이 들어 있으며 비타민 C도 풍부하여 루틴의 효능을 배가해 준다.

아이에게 달걀 알레르기가 있다면 달걀 대신 저염 닭가슴살 두부를 사용하여 영양과 맛을 충족시키고, 단무지 대신 연근 초절임을 넣어 아토피 개선에 도움을 주는 연근의 항산화 효과와 염증 제거 효과를 기대해 보는 것도 좋겠다. 그리고 오분도미와 현미를 섞어 밥을 지어 참기름 대신 오메가-3의 결정체인 생들기름을 듬뿍 넣는다. 오메가-3가 부족하면 성장 저해, 학습 능력 저하 등 각종 피부 병변을 보인다고 하지 않던가? 김밥에서 약방의 감초와 같은 단촛물을 만들 차례다. 설탕 대신 매실청과 식초로 단촛물을 만들어 밥에 섞으면 식중독균에 대해 강한 항균 효과가 있을 뿐만 아니라 풍미가 있는 김밥으로 격상된다.

"애들아! 김밥 싸서 소풍 가자!"

06
아스파라거스오색김밥 | 4인분, 4줄

재료

오분도미밥 4공기(600g), 김밥용 구운김 6장(2장은 ½등분), 아스파라거스 4개, 당근 ½개(100g), 저염 닭가슴살 구운두부 1모(150g), 적색 파프리카 ½개, 연근쌈(연근 초절임) 1팩(300g), 김밥용 우엉지 8개(무농약 우엉 외 국산 간장 사용), 굵은 소금 1큰술, 생들기름 4큰술, 흑임자 2큰술

※ 저염 닭가슴살 구운두부는 국산 콩·닭가슴살·마늘·생강으로 보존제와 소포제 없이 만들어진 두부이다. 두부를 압착하여 수분을 줄이고 콩으로 채워 단백질 함량이 일반 두부보다 높고 단단하여 김밥 재료로 적합하며, 특히 달걀 알레르기 대체식으로 좋다.

배합초 매실청 4큰술, 식초 4큰술, 소금 ½큰술

1 아스파라거스는 끓는 물에 굵은 소금을 넣고 살짝 데쳐낸 후 찬물에 헹구어 물기를 제거한다.

2 파프리카는 1cm 너비로 썰고, 당근은 채 썰어 물 2큰술과 약간의 소금을 넣어 볶은 다음 불을 끈 후 생들기름 1큰술을 섞어 준다.

3 저염 닭가슴살 구운두부 1모를 8조각이 나오게 썰어 살짝 굽는다(김밥 1줄에 두부 2조각 사용).

4 배합초를 끓여 따뜻한 밥 위에 붓고, 생들기름 4큰술과 흑임자 2큰술을 넣어 고루 섞는다.

5 김 위에 ④의 밥을 고루 펴 바르고 반으로 자른 김을 올린 후 연근 초절임 8~10개를 반씩 겹치면서 깔고 그 위에 우엉, 당근채, 두부, 파프리카, 아스파라거스를 올려 돌돌 만다.

6 4줄을 다 만 후 단단해진 첫 번째 말은 것부터 썰어야 잘 썰어진다.

- 아스파라거스는 여러 가지 영양소를 많이 함유하고 있는데, 단백질이 비교적 많이 함유된 채소이다. 또한, 비타민 C, 카로틴, 루틴 등도 함유되어 있다.
- 아스파라거스는 가래를 삭이고 기생충을 죽이며, 항암과 혈압을 내리고 이뇨 효과도 크다. 또한, 말초혈관 확장작용, 심장 수축력 증강작용, 간 기능 개선작용도 뛰어난 것으로 나타났다.
- 아스파라거스의 아스파라긴이라는 성분이 혈액을 맑게 하고 피부를 촉촉하게 유지해 준다. 육체적인 피로감과 신경질적인 성향을 완화시키고 몸의 독소를 없애는 데에도 탁월한 효과가 있다.

냉이목이버섯청국장덮밥 | 4인분

냉이 150g, 목이버섯 100g, 양파 ½개, 대파 ½대, 보리밥 4(작은)공기

청국장소스 청국장 1팩(200g), 된장 2큰술, 양파 ⅓개(갈은 것), 멸치다시마 육수 1½컵,
매실청 3큰술, 청주 1큰술, 다진 마늘 ½큰술, 생들기름 2큰술

조리법

1 냉이는 뿌리 부분에 흙이 묻어 있기 때문에 칼로 긁어 내면서 깨끗
  이 씻어 물기를 빼고 4~5cm 길이로 대충 썬다.

2 양파 ½개는 채 썰고, 목이버섯은 열십자 모양으로 썬다.

3 팬에 양파 ⅓개 갈은 것, 된장 2큰술, 매실청 3큰술, 청주 1큰술, 다
  진 마늘 ½큰술을 넣어 양파가 익을 정도로 볶아 준다.

4 냉이와 채 썬 양파, 목이버섯, 멸치다시마 육수 1½컵, 청국장, 송송
  썬 대파를 넣어 모든 재료가 어우러지도록 볶는다.

5 불을 끈 후 생들기름 2큰술을 넣고 밥 위에 얹어 비벼 먹는다.

- 냉이는 단백질과 비타민이 풍부한 알칼리성 식품으로 특히 항암 효과가 뛰어난 비타민 A가 풍부하다. 냉잇국 한 그릇을 먹으면 하루 필요량의 비타민 A를 모두 섭취할 수 있을 정도로 특히 칼슘과 철, 단백질이 많이 들어 있다.
- 목이버섯은 항암제나 백혈병 치료제로도 쓰인다. 간장이나 위장이 부었을 때도 사용하며, 편도선염에도 효과가 있으며, 몸의 열을 내려주어 뜨거워진 피를 식히고 지혈하는 효과가 있다.
- 목이버섯은 지질과산화 및 간 손상을 억제시키며, 항돌연변이 효과, 혈당 감소 효과, 면역 기능 증강 효과가 있다.
- 청국장 발효 과정 중 콩 속에 함유된 이소플라빈 피틴산, 사포닌, 트립신 저해제, 토코페롤, 불포화지방산, 식이섬유 및 올리고당 등의 각종 생리활성 물질과 항산화 물질 및 혈전 용해 효소를 다량 함유하고 있다.

먹으면서 친해지는 밥상!
건강과 사랑을 한입에 쏙~ 곰취쌈밥

곰취쌈밥은 우리 아이가 좋아할 것 같지 않은 음식일까요?

그렇다고 우리 아이들에게 먹어볼 기회조차 주지 않는 것은 부모의 잘못이 아닐까? 하는 생각을 해봅니다.

우리 집 밥상을 들여다봅시다. 어른 음식, 아이 음식으로만 나뉘어 있을까요? 아뇨, 할아버지·할머니 음식, 아빠 음식, 엄마 음식, 오빠(형) 음식, 언니(누나) 음식, 동생 음식 이렇게 나뉘어 있지는 않은가요?

우리나라는 4계절이 있어 다양한 제철 식재료로 식탁을 풍성하게 차릴 수 있기에 그저 고마울 따름입니다. 초·중·늦봄에 따라 제철 식재료를 구하지 못해 먹고 싶어도 먹지 못했던 안타까운 경험이 있지 않으세요?

상추쌈은 삼겹살 먹을 때 빠지면 서운합니다. '쌈'은 한국 음식문화의 가장 큰 특징 중 하나로 우리 조상들은 상추, 배추, 호박잎, 다시마 등 다양한 재료로 쌈밥을 만들어 먹었습니다. 쌈은 들에서 일을 하다 밭에서 딴 채소잎에 밥을 싸 먹는 '들밥'에서 유래했다고 합니다.

곰취와 호박잎 같은 것을 우리 집 밥상 위에 올리지 않는다면 우리 아이들은 그 재료에서만 맛볼 수 있는 색다른 쌈 맛을 모른 채 쌈에는 상추, 깻잎, 양배추만 있다고 생각할 것입니다.

　산나물의 제왕이라 불리는 곰취는 4월부터 5월까지 맛볼 수 있습니다. 곰취에는 비타민 A·C를 비롯해 단백질, 나이아신, 탄수화물, 칼슘, 철분의 좋은 급원으로 모든 영양소를 고루 갖추고 있어 강된장만 있으면 다른 반찬이 필요 없을 정도로 우수한 식품입니다.

　그래서 우리 집 밥상에 오른 곰취쌈밥은 고기나 다른 반찬이 없어 단출하다고 생각할 수도 있지만 영양적으로 전혀 뒤지지 않을 뿐만 아니라 정겹고 맛있게 즐길 수 있어 쌈 싸 먹는 재미에 4~5월이 지나가기 전 두세 번 정도는 밥상에 올라와도 환영받을 것입니다.

　쌈장에 넣어 주면 품격이 달라지는 우렁이! 우렁은 단백질 함량이 육류와 비슷하여 먹을 것이 귀했던 옛날에는 주요한 단백질 공급원이었습니다. 또한, 칼슘과 철분이 많아 골격 형성을 도와 성장기에도 좋고, 육류와 우유에 알레르기가 있는 아토피질환을 가진 사람들에게는 단백질과 칼슘 섭취의 공급원으로 우수한 식품입니다.

　"입을 크게 아 해보세요."

　곰취 한 장에 사랑을 가득 넣어 한입에 쏙~

　곰취 한 장에 건강을 듬뿍 넣어 한입에 쏙~

08
우렁버섯강된장과 곰취쌈밥 | 2~3인분

재료

현미율무밥 2공기, 곰취 100g

[우렁버섯강된장]

우렁살 세척 우렁살 100g, 밀가루 1큰술

채소 준비 표고버섯 2개(60g), 느타리버섯 50g, 양파(중) ½개, 감자(중) 1개, 애호박 ⅓개, 청양고추 1개, 홍고추 2개

된장 양념 된장 3큰술, 고추장 1큰술, 고춧가루 ½큰술, 멸치다시마 육수 ⅓컵, 매실청 2큰술, 청주 2큰술, 들깻가루 2큰술, 생들기름 3큰술, 다진 마늘 1큰술, 대파 다진 것 2큰술, 송송 썬 대파 1큰술, 미강유 약간

※ 우렁강된장은 곰취쌈밥에 사용하고 남을 정도의 넉넉한 양으로 준비하여 비빔밥에 고추장 대신 사용하거나 다양한 쌈밥의 쌈장으로 활용하면 좋다.

조리법

1 곰취는 흐르는 물에 씻어 김이 오른 찜통에 5분 정도 찐 다음 불을 끄고 꺼내어 식힌다.

2 우렁살은 밀가루에 바락바락 주무른 다음 3~4번 씻는다.

3 느타리버섯과 표고버섯은 콩알만 하게 작게 썰고, 청양고추와 홍고추는 송송 썬다.

4 양파, 애호박, 감자는 사방 약 0.8cm 정도 크기로 썬다.

5 뚝배기에 미강유를 두르고 마늘과 대파 다진 것을 넣고 볶다가 양파를 넣고 볶는다.

6 ⑤에 된장과 고추장, 고춧가루, 청주 2큰술, 매실청 2큰술을 넣고 볶다가 감자, 애호박, 멸치다시마 육수 ⅓컵을 넣은 후 한소끔 끓인다.

7 농도는 육수로 조절하고, 감자가 익으면서 자작해지면 송송 썬 대파, 청양고추와 홍고추를 넣고 한 번 더 끓인 후 불을 끄고 들깻가루와 생들기름을 넣어 고루 섞는다.

8 잘 쪄진 곰취에 밥 한 숟가락을 올리고 그 위에 강된장을 올려 감싸듯이 싼다.

• 발효식품에 함유된 각종 단백질이나 펩타이드 등은 항암, 혈압 강하, 콜레스테롤 저하, 면역 증강, 항균작용, 비피더스 생육 촉진 등의 광범위한 생리활성을 나타낸다.

• 우렁이 구성 성분은 수분 80.6%, 단백질 10.5g, 지방 1.4g, 당질 3.8g, 회분 3.7g, 칼슘 1,202mg, 인 87mg, 철분 5.8mg, 비타민 B_1 0.34mg, 비타민 B_2 0.34mg으로 단백질 함량이 육류와 비슷하다. 지방 함량은 적어 맛이 담백하고, 단백질 함량이 풍부해 먹을 것이 귀했던 옛날에는 주요한 단백질 공급원이었으며, 칼슘과 철분이 많아 골격 형성을 도와준다.
※ 육류와 우유에 알레르기가 있는 아토피 질환자는 단백질과 칼슘 섭취 공급원으로 유효하다.

• 전통적으로 식용과 약용으로 이용되면서 노화 억제 물질을 함유하고 있다고 추측되는 곰취, 참취를 선택하여 생리 효과를 규명하고자 비색법으로 베타-카로틴, 비타민 E, 비타민 C를 측정하여 항산화 비타민을 정량 결과 동결 건조 후에도 상당량이 잔존하는 것으로 나타났으며, 곰취는 채소류 중 철분의 좋은 급원이 된다.

• 채소와 과일 섭취의 감소로 인한 항산화 비타민의 낮은 섭취가 최근 아토피 질환의 증가와 관련이 있다고 보고하고 있다.

09

바지락방풍나물현미죽 | 4인분

재료

발아현미 1컵, 오분도미 1컵, 녹두 1컵, 바지락 600g, 방풍나물 150g, 당근 ¼개(60g),
표고버섯 2개, 부추 50g, 다진 마늘 1큰술, 참기름 3큰술, 참깨 갈은 것 4큰술, 소금 약간,
굵은 소금 3큰술, 물 12컵(육수용), 쌀뜨물 2컵(죽용)

조리법

1 발아현미, 오분도미, 녹두는 5시간 이상 충분히 불린 후 채로 건지고 쌀뜨물은 받아 둔다.

2 바지락은 밑이 넓은 그릇에 바지락이 잠길 정도의 물을 붓고 소금 2큰술을 넣은 후 신문지나 검은 봉지로 약 10분 정도 덮어 둔다.

3 해감한 바지락은 바락바락 문질러 씻은 후 냄비에 물 12컵을 넣어 팔팔 끓으면 바지락을 넣고 바지락 입이 벌어지면 불을 끈다.

4 바지락만 건져 살만 발라내고 육수는 따로 받아 둔다.

5 끓는 물에 소금 1큰술을 넣고 방풍나물을 살짝 데쳐 찬물에 헹군다.

6 데친 방풍나물은 송송 썰고, 당근, 표고버섯은 콩알만 하게 썬다.

7 압력밥솥에 참기름을 두르고 불린 쌀을 볶다가 바지락 육수 10컵, 쌀뜨물 1컵을 넣고 밥을 짓는다(1차: 쌀 퍼지기).

  ※ 압력밥솥에 죽을 끓이면 지켜 서서 젓지 않아도 되고 끓이는 시간도 단축된다.

8 ⑧에 표고버섯, 당근, 방풍나물, 다진 마늘과 바지락 육수 2컵, 쌀뜨물 1컵을 넣어 한 번 더 끓인다(2차: 쌀과 부재료와 어우러지기).

9 뜸을 들인 죽에 송송 썬 부추를 넣고 그릇에 담은 후 참깨 갈은 것 1큰술과 바지락 살을 죽 위에 얹는다.

  ※ 바지락 육수로 만들었기 때문에 간은 적당하며, 간이 부족할 경우 간장을 곁들인다.

아토피가이드

• 바지락 속에 들어 있는 글리코겐이 간을 보호하고 메티오닌, 시스틴 등의 아미노산이 해독작용을 하며, 콜레스테롤 흡수를 방해하는 타우린 성분이 들어 있다.
• 타우린은 항피로, 항스트레스 작용이 있다.
• 식방풍에 대한 연구 결과 혈관성 치매에 대한 예방과 치료 효과 및 혈압 강하작용, 탄력섬유의 재생 및 회복 효과, 대장암 마우스에서의 항암 효과 등이 있다.
• 방풍잎(葉) 추출물에 대한 연구로 고지방 식이로 유도된 비만 마우스에서의 항비만 효과, 항산화 효과가 보고되었다.
• 식방풍의 물추출물은 알레르기 면역반응 매개 물질들의 분비를 감소시키고 폐 조직 내 염증 반응을 억제함으로써 기관지 천식 개선에 기여할 것으로 보고되었다.

10

우엉두부토마토파스타 | 2인분

재료

우엉 2자루(130g), 두부면(국산콩) 80g(1팩), 완숙 토마토(중)1과 ½개, 마늘 5알, 양파(중) ½개, 양송이버섯 5개(70g), 청피망 1개, 방울토마토 6개, 스파게티소스(국산 무농약 토마토 함유) 10큰술, 레몬생강청 또는 매실청 4큰술, 올리브오일 2큰술, 식초 2큰술

1 우엉은 필러를 이용하여 껍질을 벗긴 후 물에 담가 둔다(변색 방지 및 항원 우려내기).

2 껍질 벗긴 우엉은 면 필러를 이용하여 면발처럼 만들어 찬물에 담가 둔다(변색 방지).

※ 면 필러(수동)는 다양한 식재료에 활용하여 색다른 음식을 만들 수 있다.

3 우엉의 아린 맛을 제거하기 위해 끓는 물에 식초를 넣어 우엉을 3~5분 정도 데쳐 낸 다음 끓는 물에 5~10분 정도 면을 삶듯이 삶는다.

※ 우엉의 아삭한 식감이 좋으면 3분 정도로, 우엉을 싫어하는 아이들에게는 8분 정도 끓인다.

4 마늘과 양송이버섯은 납작하게 편으로 썰고, 양파와 청피망은 채를 썬다.

5 완숙 토마토는 칼집을 내어 끓는 물에 데쳐 껍질을 벗기고 대충 다져 놓는다.

6 팬에 올리브오일을 두르고 마늘을 볶다가 양파를 볶은 다음 토마토와 레몬생강청을 넣고 끓인다.

7 ⑥에 스파게티 소스를 넣고 볶다가 우엉면과 방울토마토를 넣고 끓인다.

8 ⑦에 양송이버섯과 청피망, 두부면을 넣고 한 번 더 볶아준 다음 접시에 담는다.

아토피가이드

- 우엉은 채소 가운데서 식이섬유가 특히 많다. 식이섬유는 콜레스테롤 수치를 낮추고 당뇨병과 고혈압, 동맥경화 등의 순환기계 질환에도 효과가 있으며, 장에 이로운 균을 늘리기도 한다.
- 식용 및 약용으로 많이 이용되고 있는 우엉은 지질과산화 억제작용이 있다.
- 비타민 C, 비타민 E, 비타민 A와 같은 식이 항산화제는 만성 염증 질환 개선에 도움을 주어 아토피 질환에 긍정적인 영향을 끼치는 것으로 보고하였다.
- 토마토는 비타민 A, B, C, E, K 등과 미네랄, 카로틴 및 라이코펜이 풍부하게 함유되어 있으며, 전립선암 억제 효과, 항산화 효과, LDL의 산화 억제 효과 등이 있다.

STORY

봄봄봄! 봄이 왔어요!
우리 집 식탁에 놀러온 달래초무침

'봄봄봄! 봄이 왔어요~'라는 노랫말이 입안에서 자꾸 맴돈다.

아마도 이정선의 '봄'이란 노래가 떠오른 사람도 있을 테고, 로이킴의 '봄봄봄'이란 노래가 떠오른 사람도 있을 것이다. 짐작했겠지만 노래에 따라 나이를 가늠할 수가 있다. 난 '봄봄봄! 봄이 왔어요~, 우리들의 마음속에도~'란 노랫말이 온종일 떠오르는 것을 보면 구세대임이 맞는 것 같다.

구세대라 해도 좋다. 오늘도 저녁 준비를 하는 내내 '고추 먹고 맴맴, 달래 먹고 맴맴' 가사가 귓전을 맴돌고 있는 것은 저녁 밥상에 올릴 봄을 알리는 향긋한 달래향 때문인 것 같다.

봄에게 자리를 내주고 싶지 않은 듯 아직은 심술궂은 겨울의 쌀쌀한 기운이 남아 있지만 '봄맞이 세일', '봄맞이 음악회' 등 다양한 봄맞이 행사에 우리의 몸과 마음은 벌써 봄과 손을 잡고 있다. 그중에서도 온몸으로 느낄 수 있는 가장 행복한 봄맞이는 우리의 밥상에 있는 것 같다.

겨우내 잠들었던 입맛을 깨워줄 달래초무침은 자칫 아이들의 입맛을 끌기에 부족하다고 생각하겠지만 '한 젓가락 먹어보기'에 성공한다면 한 접시로는 부족할 테니 아예 많이 만들어 두는 것이 좋겠다. 아들이 맛있다는 말에 신이 나서 달래간장을 만들려고 남겨 두었던 달래를 꺼내어 부랴부랴 무쳐서 먹었으니까 말이다.

달래에는 매운맛이 있다. 그래서 아이들이 먹기에 거부감이 있을지 모르나 달래의 알싸한 매운맛은 매실청의 달달한 맛에 살짝 감추어지고, 식초의 새콤한 맛과 조화를 이루어 잃었던 입맛이 기지개를 켜듯 살아나기에 달래를 봄에 먹어야 하는 이유이다.

달래는 식욕을 돋우고 강장제 역할을 하는데 춘곤증 등으로 지친 심신을 강화하기 좋을 뿐만 아니라 특히 비타민 C와 칼슘이 풍부한 알칼리성 식품이기 때문에 신경안정제로서 약효를 가진다. 그래서 예부터 민간에서는 달래를 많이 먹으면 잠이 잘 온다 하여 불면증 치료에 사용했다는 기록이 있다.

또한, 달래는 겨울 동안 몸에 쌓인 지방분이나 노폐물을 배출하고, 달래에 함유된 마그네슘, 칼슘, 엽산 등의 미네랄은 몸 안의 중금속과 결합해 몸 밖으로 배출하는 작용을 한다. 체내의 유독물질을 제거하기 위해서는 항산화 영양소가 많이 든 식품을 섭취해야 하는데 그런 식품이 바로 비타민 A, B, C가 풍부한 채소다.

달래의 독특한 향을 즐기려면 무침으로 먹는 것이 더 좋은데, 생으로 먹을 때 새콤하게 식초를 넣으면 달래에 풍부한 비타민 C의 파괴를 지연시킨다. 여기에 팽이버섯을 넣으면 달래의 초록빛에 더욱 생동감을 주고, 달래에 부족한 단백질과 필수아미노산을 섭취할 수 있다.

우리 집 식탁에 놀러온 달래초무침을 어찌 반기지 아니하겠는가?

달래팽이버섯무침 | 한 접시

재료

팽이버섯 50g, 달래 50g

양념장 간장 1큰술, 식초 1큰술, 매실청 1큰술, 고춧가루 1작은술, 다진 마늘 1작은술, 깨소금 1큰술

조리법

1 제시한 분량대로 양념장을 만든다. 양념장을 미리 만들어 두면 고춧가루가 불어서 음식의 빛깔이 곱다.

2 달래는 뿌리 쪽에 흙이 묻어 있으므로 둥그런 뿌리 부분의 껍질을 벗겨 흙이 나오지 않도록 잘 씻은 다음 물기를 뺀 후 4~5cm 길이로 썬다.

3 팽이버섯은 밑동을 잘라 버리고 2~3등분하여 썬다.

4 볼에 팽이버섯과 달래를 담고 양념장이 고루 묻도록 살살 버무려 접시에 담는다.

아토피가이드

• 달래에는 비타민과 미네랄이 골고루 함유되어 있다. 특히 비타민 C와 칼슘이 풍부한 알칼리성 식품이기 때문에 신경 안정제로서 약효를 가진다.

• 달래는 알칼리성 식품이라 인체의 산성화를 막는데 효과가 있다. 달래는 생으로 먹을 때 새콤하게 식초를 넣으면 달래에 풍부한 비타민 C의 파괴를 지연시킨다. 달래는 비타민 C뿐만 아니라 칼슘과 칼륨을 많이 함유하고 있다.

• 팽이버섯은 단백질 함량이 높고 필수아미노산, 식이섬유, 비타민, 무기질의 좋은 급원이며, 항암작용을 가지고 있다.

• 마그네슘, 칼슘, 엽산 등의 미네랄도 몸 안의 중금속과 결합해 몸 밖으로 배출하는 작용을 한다. 또한, 파류에 많이 함유한 알긴산은 수은을 배출하는 역할을 한다. 체내의 유독물질을 제거하기 위해서는 항산화 영양소가 많이 든 식품을 섭취해야 하는데 그런 식품이 바로 비타민 A, B, C가 풍부한 채소다.

우엉된장들깨소스무침 | 한 접시

우엉 130g

된장들깨잣소스 된장 1큰술, 매실청 3큰술, 들깻가루 3큰술, 잣 2큰술, 다진 마늘 1작은술, 생들기름 1큰술

조리법

1 우엉 껍질은 필러로 벗겨 어슷 썰고, 변색 방지를 위해 찬물에 담근다.

2 어슷 썬 우엉은 아린 맛을 제거하기 위해 끓는 물에 식초 1큰술을 넣어 데쳐 낸다.

3 된장 1큰술, 매실청 3큰술, 들깻가루 3큰술, 잣 2큰술, 다진 마늘 1작은술을 믹서로 간다.

4 데친 우엉은 물기를 제거하고 된장들깨잣소스에 생들기름 1큰술을 넣어 무친다.

- 우엉은 채소 가운데서 식이섬유가 특히 많다. 식이섬유는 콜레스테롤 수치를 낮추고 당뇨병과 고혈압, 동맥경화 등의 순환기계 질환에도 효과가 있으며, 장에 이로운 균을 늘리기도 한다.
- 수용성 식이섬유질은 비피더스균 등 유산균의 증식을 촉진하고 이 유산균이 IgE 분비를 저해하는 것으로 보고되고 있다.
- 들깨는 약 44%의 지방질을 함유하고 있으며, 특히 지방산 중 60%가 필수지방산인 ω-3계의 리놀렌산으로 영양 가치 및 생리활성이 높은 식용유로 평가받고 있다.
- 오메가-3계 지방산은 오메가-6 계열 지방산인 리놀렌산이 아라키돈산으로 전환되는 것을 감소시키고, 아라키돈산과 경쟁적으로 작용하면서 아이코사노이드 대사에 영향을 주어 염증작용을 억제하는 항염증성 효과를 나타낸다.

취나물견과류무침 | 한 접시

재료

취나물 200g, 모둠 견과류 1봉지(28g), 콩가루 2큰술, 생들기름 2큰술

양념장 된장 1과 ½큰술, 고추장 ½큰술, 매실청 2큰술, 다진 마늘 ½큰술, 다진 파 1큰술

조리법

1 생취는 시든 잎과 억센 줄기를 제거한 후 깨끗이 씻어 준비한다.

2 끓는 물에 소금을 넣고 데친 후 찬물에 헹구어 물기를 꼭 짠 다음 먹기 좋게 두세 번 썬다.

3 견과류는 절구에 대충 빻는다.

※ 견과류 알레르기가 있는 사람은 견과류를 반드시 빼고 조리한다.

4 양념장을 분량대로 만들어 데친 취나물에 넣어 무치고, 견과류, 콩가루, 생들기름을 넣어 간이 배도록 조물조물 무친다.

※ 콩가루 대신 들깻가루를 넣어도 좋다.

아토피가이드

- 취나물은 혈액 청정을 방해하는 지방을 취나물이 효과적으로 배출해 주는데, 취나물을 흰쥐에게 섭취시킨 후 조사한 결과 변을 통해 중성지방과 콜레스테롤이 빠져나가는 결과를 얻었다고 한다.

- 취나물은 쌉쌀한 맛과 약간 아릿한 향기로 미각을 돋우어 '산나물의 왕'이라고 불린다. 이뿐만 아니라 칼륨, 비타민 A, β–카로틴, 아미노산 함량이 많은 알칼리성 식품이다.

- 비타민 A와 베타카로틴은 T림프구 및 B림프구의 반응을 증가시키고, 상호 면역 응답 능력을 활성화시켜 생체 방어 기능을 높인다.

- 된장은 혈당 강하, 항산화 효과, 고혈압 방지 효과, 항돌연변이성, 항암성, 혈전 용해능 등 식품의 3차 기능인 각종 생리활성, 위장관에서의 면역 증진 효과 등이 있다.

- 호두의 불포화지방산인 리놀산 함량이 전체의 60% 이상을 차지하였고, 호두기름 농도 0.5%에서 조추출물인 상태에서 상당한 알레르기 저해 효과가 있었다.

세발나물버섯된장소스무침 | 한 접시

세발나물 200g, 새송이버섯 1개

된장소스 된장 1큰술, 양파(중) ¼개, 레몬생강청(또는 매실청) 1큰술, 백태 삶아 갈은 것(또는 콩가루) 2큰술, 다진 마늘 ½큰술, 실파 2뿌리, 참기름 1큰술, 생들기름 2큰술, 깨소금 1큰술

조리법

1 양파는 곱게 다지고, 다듬어 씻은 실파는 송송 썬다.

2 제시한 분량대로 된장소스를 만든다.

 ※ 백태는 삶아서 갈아 놓고 쌈장 만들 때나 다양한 소스, 된장찌개 등에 사용하면 염도를 줄이고, 고소한 맛이 더해져 좋다.

3 세발나물은 씻은 후 끓는 물에 소금 1큰술을 넣어 넣었다 빼는 정도로 살짝 데쳐 찬물에 헹구어 물기를 꼭 짠다.

4 새송이버섯은 2등분하여 편으로 납작하게 썬 다음 가늘게 채를 썰어 기름을 두르지 않은 팬에 살짝 볶는다.

5 데친 세발나물과 새송이버섯은 미리 만들어 놓은 된장소스로 고루 섞이도록 무친다.

아토피가이드

• 세발나물에는 비타민 C, 엽록소, 식이섬유 등 기호성 성분이 풍부할 뿐만 아니라 콜린, 베타카로틴, 베타인 등 다양한 기능성 성분을 함유하고 있어 다이어트, 항암, 노화 방지, 변비 예방 등 성인병 예방 효과가 우수하다.

• 새송이버섯은 단백질, 비타민 및 무기질이 풍부하고, 폴리페놀과 베타-글루칸 등과 같은 기능성 물질이 함유되어 있어 혈당 강하, 노화 억제, 항암, 과산화물 생성 억제, 항산화 및 프리라디칼 소거능 등의 다양한 생리활성을 갖는다.

• 비타민 C는 주요 항산화제로 만성 염증 질환 개선에 도움을 주어 아토피 질환에 긍정적인 영향을 끼치는 것으로 보고하고 있다.

• 참기름은 고온에서 장시간 방치하여도 산화되지 않는 강한 항산화성을 나타내는데, 이는 참기름에 함유되어 있는 리그난 성분인 세사몰과 세사미놀에 의한 효과에 의한다.

모시조개토마토브로콜리찜 <small>| 한 접시</small>

재료

모시조개 400g, 완숙 토마토 1개, 양파 1개, 브로콜리 100g, 마늘 3개, 백포도주 3큰술,
미강유 1큰술, 딜 약간(생략 가능)

조리법

1 모시조개는 손으로 바락바락 주물러 씻은 후 물에 담가 해감한다.

2 마늘은 편으로 썬다.

3 브로콜리와 양파는 한입 크기로 썰고, 토마토는 꼭지를 떼어 8등분
   하여 썬다.

4 양파는 2등분하여 적당히 썰어 놓는다.

5 팬을 달군 후 미강유 한 큰술을 넣어 마늘을 볶다가 양파를 넣어 잠
   시 볶은 다음 모시조개와 백포도주 3큰술을 넣고 뚜껑을 덮는다.

6 모시조개 입이 벌어지려고 할 때 뚜껑을 열어 썰어 둔 토마토와 브
   로콜리를 넣고 뒤적이며 모시조개 입이 벌어질 정도로만 익혀 준다.

   ※ 모시조개는 짠맛이 있어 추가로 소금을 넣지 않아도 염도가 적당하다.

7 완성한 모시조개토마토브로콜리찜을 담은 후 딜을 얹어 준다.

   ※ 딜은 해산물 요리에 비린내를 제거하는 동시에 장식 효과를 얻을 수 있다.

아토피가이드

• 모시조개 속의 주요 성분인 타우린이 간 기능을 도와 피로를 풀어주는 데 효과적이다. 특히 피로나 과로로 몸이 부었을 때
  먹으면 부기를 가라앉혀 준다.

• 모시조개 속에는 천연의 타우린과 호박산이 다량 함유되어 있어 콜레스테롤 저하, 심장 보호, 고혈압 및 암 발생 억제, 피
  로회복 등에 유효하다.

• 토마토와 오렌지, 당근 등에 풍부하게 함유되어 있는 베타카로틴은 활성산소를 제거하는 항산화 작용을 한다.

• 토마토가 영양 면에서 우수한 것은 토마토의 붉은색 속에 함유되어 있는 리코펜(lycopene)이라는 성분 때문이다. 리코펜
  성분은 노화의 원인인 활성산소를 억제하는 작용을 하며 동맥의 노화 진행을 늦춰 주는 효능이 있다.

• 브로콜리는 특히 구리와 아연이 많고 단백질, 무기질, 비타민 C와 B$_2$의 함량이 콜리플라워보다 높다. 브로콜리에 다량 함
  유된 설포라판은 발암에 대해서 방어작용을 나타낸다는 보고가 있다.

16
생목이버섯대구탕수 | 한 접시

재료

생흑목이버섯 100g, 생흰목이버섯 100g, 청경채 3송이(100g), 홍고추 1개, 다진 마늘 ⅓큰술

대구포 밑간 대구포 300g, 청주 2큰술, 갈릭솔트 약간, 감자전분 3큰술

탕수소스 물 ½컵, 레몬청 또는 매실청 15큰술, 현미식초 5큰술, 소금 2티스푼

녹말가루물 감자전분 2큰술, 물 2큰술

62

조리법

1 대구포에 청주를 솔로 발라준 다음 소금과 후춧가루를 솔솔 뿌려 밑간을 한다.

2 밑간한 대구포에 감자전분을 앞뒤로 묻힌 후 현미유를 묻힌 솔로 대구포 앞뒤에 바른다.

3 에어프라이어 바스켓에 종이 포일을 깔고 180도에 7분간 굽고, 뒤집어서 5분간 구운 후 접시 위에 가지런히 담는다.

   ※ 에어프라이어가 없을 경우 프라이팬에 현미유를 살짝 두른 후 앞뒤로 노릇노릇하게 구워 준다.

4 생흑목이버섯과 흰목이버섯은 한입 크기로 먹기 좋게 썰고, 청경채는 잎을 떼어 놓는다.

5 제시한 탕수소스 분량대로 모두 섞어 탕수소스를 만든다.

6 프라이팬에 현미유 2큰술을 두르고 다진 마늘과 잘게 썬 홍고추를 넣어 볶다가 목이버섯을 넣고 볶는다.

7 ⑥에 탕수소스를 넣고 녹말가루 물을 부어주면서 다른 한 손으로는 저어준다.

8 ⑦에 청경채를 넣고 불을 끈 후 완성된 소스는 접시에 담긴 대구포 위에 얹는다.

아토피가이드

• 목이버섯에는 천연 젤라틴이 다량 함유되어 있어 젤라틴의 유연성으로 배설을 촉진시킨다.

• 목이버섯은 레시틴, 인지질, 다당류, 미네랄 등의 성분이 노화를 막고 피를 맑게 하며, 위장과 폐를 보호하는 기능이 있다.

• 아토피는 체내에서 히스타민이 분비돼 가려움증을 유발한다. 따라서 생선을 섭취할 때는 히스타민 함량이 높은 꽃게나 새우, 등푸른생선은 피하고 히스타민 함량이 낮은 흰살생선으로 대체하는 것이 좋다.

• 일반적인 탕수의 조리법은 기름에 튀기는 것이나, 기름에 튀기지 않고 조리하였다. 기름기 많은 음식에 들어 있는 지방 성분은 우리 몸속에서 단백질이 분해되면서 생기는 활성산소와 결합해 과산화지질이라는 물질을 만들게 되는데, 이 과산화지질은 우리 몸의 세포를 파괴하는 역할을 하기 때문에 알레르기 증상 및 아토피성 피부염을 더욱 악화시킨다.

02 PART

SUMMER FOOD FOR ATOPIC FAMILY

여름

SUMMER FOOD
FOR ATOPIC FAMILY

똑똑(talk talk)한 공감 밥상을 위한
오미자수박화채

"엄마, 더워요! 시원한 것 주세요."

요즘 아이들에게서 제일 많이 듣는 소리는 "엄마, 더워요!"이다. 하지만 엄마라고 뾰족한 수가 있겠는가?

아이스크림을 먹으면 입은 잠시 즐거워지지만 더위는 가시지 않는다. 그래서 우리 집 냉동실에는 아이스크림이 준비되어 있지 않다.

대부분 가정의 여름철 냉장고에는 수박이나 참외가 있을 것이다. 아이들과 함께 수박화채를 만들면 그 즐거움에 더위는 잠시 잊고 시원한 화채도 먹을 수 있으니 오늘은 시원하게 먹는 놀이를 해봐야겠다.

오미자는 단맛·신맛·쓴맛·짠맛·매운맛의 5가지 맛이 나서 오미자라고 불린다. 오미자의 성분은 단백질, 칼슘, 인, 철, 비타민 B_1 등이며, 피로 회복에 좋은 사과산, 주석산 등의 유기산도 풍부하게 들어 있다. 예로부터 한방에서는 거담, 자양, 강장제 등으로 이용되었으며, 또한, 간 기능 회복, 알코올 해독, 혈당 강하, 콜레스테롤 저하, 고지혈증 완화, 면역 조절, 항암 및 항종양 등 다양한 생리적 기능을 가지고 있어 으뜸 중의 으뜸인 식품이다.

수박은 여름철 대표적인 과일로서, 과육의 90% 이상이 수분으로 되어 있으며, 포도당, 과당 등 당분이 4.7% 정도로 피로 회복에 도움을 줄 뿐 아니라 신장병에

유효한 약리작용을 나타내는 것으로 알려져 있다. 참외도 당분 흡수가 빨라 탈수 증상을 완화시켜 주며 수박과 함께 칼륨도 풍부해 몸속 노폐물을 적절히 배출시키고 나트륨 배설을 촉진시키니 여름철에 좋은 과일을 모아 화채를 만들어 보자.

　오미자를 여름에는 상온에서 12시간 또는 냉장 상태에서는 24시간 정도 우려낸 다음 꿀을 넣어 사용해도 좋고, 오미자청을 이용할 경우에는 생수에 3~5배 희석하여 바로 사용할 수 있어 별도로 우리는 번거로움 없이 간편하고 단맛도 적당할 뿐만 아니라 항산화 효능에 피부 미용 효과까지 더해지니 여름에는 오미자청을 항상 준비해 두면 좋겠다. 집에 시판 음료수가 없어도 오미자청과 생수만 있으면 스페셜 음료수를 금방 만들 수 있다.
　덥다고 짜증 부리던 아들은 어느새 냉장고에서 수박을 꺼내와 "엄마, 제가 수박을 썰게요."라며, 먹기도 전에 목소리는 들떠 있고 더위는 벌써 잊은 모양이다.
　화채에 빙수떡을 넣으면 쫄깃한 식감에 먹는 재미를 더해준다.
　화채가 다 만들어지면 아이한테 예쁜 그릇에 화채를 직접 담도록 하여 더위에 고생하시는 경비 아저씨께 갖다 드리게 하자. 배려와 나눔은 먹거리를 나누면서 자연스럽게 형성되는 것이기에…….
　오미자수박화채가 가족을 한곳에 모이게 하니 공감 밥상을 위한 똑똑(talk talk)한 오미자수박화채라 칭해도 좋을 듯하다.

01
___
오미자
수박화채 | 4인분

재료

수박 ¼통, 메론 ½통, 참외 1개, 빙수떡 약간(생략 가능)

오미자 물 생수 500㎖(미리 냉장고에 넣어둔 것), 오미자청 250~300㎖(생오미자와 유기농 설탕으로 숙성 시킨 것), 얼음(생략 가능)

조리법

1 수박은 반을 갈라 씨를 대충 빼내고 화채 스쿱을 이용하여 동그랗게 파낸다.

2 멜론은 가운데 씨를 파낸 후 화채 스쿱을 이용하여 동그랗게 파내거나 깍둑썰기를 한다.

3 참외 1개는 반을 갈라 씨를 파내 1.5×1.5cm 정도 크기로 썬다.

4 화채 국물: 냉장고에서 꺼낸 생수에 오미자청 250~300㎖를 넣어 고루 섞는다.

   ※ 얼음을 넣을 경우 화채 국물이 희석되기 때문에 300㎖ 정도의 오미자청을 넣거나 오미자청과 생수를 섞어 만든 오미자 얼음을 준비한다.

5 화채볼에 수박, 멜론, 참외 썬 것을 넣는다.

   ※ 화채에 빙수떡을 넣어 주면 아이들은 떡을 골라 먹는 재미에 더없이 좋아한다.

아토피가이드

• 오미자는 안토시아닌뿐만 아니라 플라보노이드 및 유기산류 등이 풍부하여 예로부터 한방에서는 거담, 자양, 간장제 등으로 이용되었으며, 또한, 간장 보호, 알코올 해독, 혈당 강화, 콜레스테롤 저하, 고지혈증 완화, 면역 조절, 항암 및 항종양 등 다양한 생리적 활성을 나타낸다.

• 오미자 추출물의 첨가 농도가 증가할수록 라디컬 소거능이 높게 나타난다.

• 장관 내 미생물총 및 염증성 질환의 개선에 대한 오미자 추출물의 유효성을 분석한 결과 효소 추출물은 장내 세균총의 선택적 개선 효과 및 염증 발병 및 진전의 저해 효과를 나타낸다.

• 수박은 여름철 대표적인 과실로서, 과육의 90% 이상이 수분으로 되어 있으며, 포도당, 과당 등 당분이 4.7% 정도로 피로 회복에 도움을 준다. 또한, 시트룰린이라는 아미노산이 풍부하여 이뇨작용을 도와주며, 신장병에 유효한 약리작용을 나타낸다. 수박에는 칼륨이 다량 함유되어 나트륨 배설을 도와준다.

• 참외는 특히 당분 흡수가 빨라 탈수 증상을 치료해 주며 수분과 함께 칼륨도 풍부해 몸속 노폐물을 적절해 배출시킨다.

재료

완두콩 2컵(240g), 두부면 1팩(80g), 생수 3컵, 잣 3큰술(20g), 참깨 2큰술,
미니 파프리카(붉은색, 노란색) 각 1개씩, 오이 ¼개, 소금 약간

※ 견과류 알레르기가 있는 사람은 반드시 잣을 빼고 조리한다.

조리법

1 완두콩은 씻어 끓는 물에 소금 1티스푼을 넣고 약 7분 정도 삶은 다음 콩만 건져 찬물(얼음 물: 완두콩 선명한 색 유지)에 담갔다 채에 건져 놓는다.

   ※ 완두콩은 뚜껑을 열고 삶아야 콩비린내가 제거된다. 콩 삶은 물은 따로 받아 두어 콩국물로 사용한다.

2 용기에 삶은 완두콩, 콩 삶은 물, 잣 3큰술, 참깨 2큰술을 넣고 믹서로 곱게 간다.

3 노랑, 빨강 미니 파프리카와 오이는 곱게 채 썬다.

4 두부면은 물기를 빼고 그릇에 담아 놓는다.

5 두부면이 담긴 그릇 위에 완두콩 국물을 부은 후 파프리카채, 오이채를 얹는다.

   ※ 콩 삶은 물은 소금 간이 되어 있어 추가로 소금 간을 하지 않아도 된다.

아토피가이드

- 콩에는 소화효소인 트립신을 방해하는 물질이 들어 있는데 100℃에서 10분 동안 가열하면 트립신 저해제가 80% 불활성화되어 단백질 이용률이 최대에 이른다. 즉 삶으면 소화 흡수율이 높아진다.
- 완두콩은 항산화·항염증 효능이 있으며, 카테킨 등 각종 플라보노이드와 인체에서 비타민 A로 합성되는 베타카로틴 등이 풍부해 피부 장벽을 튼튼하게 하고, 노화 방지와 주름 예방 등 피부에 유익하게 작용한다.
- 완두콩의 제니스테인이라는 성분은 암세포의 증식을 억제하고 유해 발암물질을 해독해 준다.
- 콩에 알레르기 반응을 보이더라도 단백질을 섭취해야 하므로 콩장, 된장찌개, 두유, 두부, 순두부 등을 먹이면서 알레르기 반응 상태를 살피도록 한다. 두유에 알레르기 반응을 보이는 아이가 두부에는 반응하지 않는 경우도 있다.

03
감자굴림만두 | 4인분

재료

감자(중) 4개, 두부 ⅓모, 느타리버섯 50g, 부추 30g, 당근 ¼개(60g), 양파 ½개, 생들기름 3큰술, 들깻가루 3큰술, 소금, 후춧가루, 감자전분 ½컵

※ 닭고기, 새우, 쇠고기, 돼지고기 등 알레르기가 없는 사람은 기름기 없는 부위를 감자속으로 사용해도 좋다.

조리법

1 (햇)감자는 껍질을 벗겨 찜기나 압력밥솥을 이용해 찌고, 찔 때 소금 간을 해준다.

　※ 압력밥솥을 이용하면 단시간 내 찔 수 있다.

2 찐 감자는 뜨거울 때 으깬다.

3 두부는 면보자기로 짜고 보슬보슬 부수어 놓는다.

4 당근과 양파는 채를 썰어 곱게 다지고, 느티리버섯도 찢은 후 곱게 다지고, 부추는 송송 썬다.

5 준비된 재료를 모두 한곳에 모아 생들기름 3큰술, 들깻가루 2큰술, 소금, 후춧가루를 넣어 간을 맞춘 후 고루 섞는다.

6 완성된 감자 속은 탁구공만 하게 빚어 감자전분에 굴린 후 열이 오른 찜기에 5분 정도 찐다.

　※ 전분을 묻힐 때 찹쌀떡에 묻히듯 두껍지 않게 묻히고, 바닥에 달라붙지 않도록 접시에 전분을 고루 펴 바르며, 찜기에 베보자기보다는 찜용 종이 포일을 깔아야 달라붙지 않는다.

7 감자만두는 뚜껑을 열어 한 김 식힌 후 꺼내 접시에 담는다.

　※ 한 김 식힌 후 꺼내야 달라붙지 않으며, 물을 묻힌 손으로 떼어야 손에 묻어나지 않는다.

아토피가이드

• 감자는 전분질 이외에 비타민 C, B_1, B_6, 판토텐산과 칼륨, 철 등의 무기물과 플라본 색소가 풍부할 뿐만 아니라 단백질의 아미노산 구성도 우수하여 건강식에 좋은 재료로 이용되며, 감자 단백질은 유산균의 생육 촉진에 효과가 있을 뿐만 아니라 장내 유해세균의 생육을 억제한다.

• 감자에 많이 함유된 폴리페놀 화합물은 항산화 효과가 있어 지질과산화를 억제할 수 있다고 한다.

• 들깨의 지질에는 알파-리놀렌산이 50~58% 정도 함유되어 있다. 오메가-3계 지방산인 알파-리놀렌산이 결핍되면 성장 저해, 불임, 피부 병변을 나타내지만 들깨를 섭취하면 혈압 저하 및 혈전증 개선 효과, 암세포 증식 억제 효과, 학습 능력의 향상을 가져온다.

완두콩발아현미밥떡 | 한 접시

발아현미밥 1공기 가득(200g), 완두콩 깐 것 200g, 볶은 콩가루(국산) 3큰술, 견과류 60g, 꿀 3큰술, 소금 약간

조리법

1 완두콩은 끓는 물에 소금 1자밤을 넣고 약 5분간 익을 정도로 삶은
    후 찬물에 헹구어 물기를 뺀다.

2 믹서에 발아현미와 오분도미를 섞어 지은 밥과 삶은 완두콩, 꿀 3큰
    술, 소금 1자밤을 넣고 갈아 주거나 절구에 찧어도 좋다.

    ※ 밥과 완두콩을 갈은 후 절구에 찧으면 더 찰진 떡이 된다.

3 견과류는 절구에 대충 빻아 주거나 칼로 썰어 조각을 낸다.

4 완두콩 떡 반죽은 볼에 담고 다진 견과류와 고루 섞은 후 동글하게
    빚어 반은 볶은 콩가루를 묻히고 반은 반죽 그대로 빚는다.

아토피가이드

- 완두는 맛이 달며 지방이 적고 카로틴과 비타민 C가 다른 콩류보다 많다. 섬유소 등도 많아 탁월한 항암 효과와 콜레스테롤 감소, 고혈압 예방, 노화, 비만 방지 등에도 효능이 있는 것으로 알려져 있다.
- 완두콩에는 알파-리놀렌산(ALA)의 형태로 식물성 오메가-3 지방산이 함유되어 있다. 알파-리놀렌산은 체내에서 EPA와 DHA로 전환돼 기억력과 집중력 등 뇌 기능을 향상시킨다. 또 완두콩에 풍부한 비타민 C와 비타민 B$_6$, 판토텐산 등도 뇌 기능 활성화를 돕는 신경전달물질 합성에 일조하며 뇌 건강을 유지시켜 준다.
- 현미는 플라보노이드의 한 종류인 페룰산(ferulic acid)과 같은 강한 항산화제가 다량 함유되어 있어 쉽게 산화하지 않을 뿐만 아니라 진통작용, 평활근 이완작용이 있어서 장관의 경련이나 임신 시 자궁의 수축, 경련을 억제한다고 알려져 있다.
- 아토피피부염 환자들은 건강인에 비해 더 낮은 오메가-6/오메가-3 비율을 권장하고 있으므로 오메가-6계 지방산을 오메가-3계열로 대체하여 섭취하도록 하는 영양 중재가 필요하다.

애호박채소누들 | 한 접시

애호박 ½개, (자색)양파 ½개, 당근 ⅓개, 비트 30g(1개가 약 300g 정도), (황금)팽이버섯 70g
누들소스 간장 3큰술, 매실청 2큰술, 마늘 1작은술, 생들기름 1큰술, 참기름 ½큰술,
깨소금 1큰술, 쪽파 3뿌리

조리법

1 애호박과 당근은 커터를 이용하여 국수 가닥처럼 가늘고 긴 모
양으로 채친 후 끓는 물에 소금 ½큰술을 넣어 데치고 찬물에 헹
구어 물기를 뺀다.

※ 커터날이 날카로워 주의하도록 한다.

2 비트도 커터에서 나오는 모양 그대로 채 쳐서 국수처럼 만든다.

3 양파는 곱게 채 썰고, (황금)팽이버섯은 밑둥을 자른 후 가닥가
닥 떼어 놓고 기름을 두르지 않은 팬에 양파와 팽이버섯을 살짝
익히고 꺼낸다.

※ 황금팽이버섯이 없으면 백색팽이버섯을 사용한다.

4 제시한 분량대로 누들소스를 만든다.

5 애호박채, 당근채, 양파채, 비트채, 황금팽이버섯을 한데 섞어
소스를 넣고 소스가 고루 묻도록 버무려 접시에 담는다.

아토피가이드

- 당근은 기름으로 요리할 경우 베타카로틴의 흡수율이 높아지므로 소스에 생들기름을 넣는다. 그러나 당근을 기름으로 볶
는다면 기름이 높은 온도로 가열되면서 과산화지질이 생성되므로 삶거나 데치는 조리법을 권장한다.

- 비타민 C, 비타민 E, 비타민 A와 같은 식이 항산화제는 만성 염증 질환 개선에 도움을 주어 아토피 질환에 긍정적인 영향
을 끼치는 것으로 보고하였다.

- 베타카로틴은 비타민 A의 전구체로 체내로 들어가서 필요한 만큼 비타민 A로 전환되고 나머지는 항산화작용을 하므로
베타카로틴을 섭취하는 것이 매우 효과적이다.

- 황금팽이버섯은 비타민, 무기질, 핵산, 아미노산 등을 많이 함유하고 있으며, 특히 비타민 D의 효과를 가진 에르고스테롤
이 다량 함유되어 있다. 또한, 항종양, 항균작용 등에 효능이 있는 것으로 알려져 있다.

복날, 삼계탕 대신
팥현미떡국 먹어볼까?

한국 사람들의 급한 성격을 닮아가듯 올해 더위는 여느 해보다도 일찍 찾아왔다. 그래서 초복이 오기도 전에 우리 아이들의 표정은 벌써 지쳐 있다.

올해는 초복(初伏)·중복(中伏)·말복(末伏)의 삼복(三伏)이 아니라 초복이 오기 전에 전복(前伏)을 끼워 넣어 사복(四伏) 절식을 먹어야 할 듯하다.

복날에 가장 많이 찾는 보양식은 역시 삼계탕이라는 건 1학년 아이들도 알 것이다. 나도 초복에 급식으로 닭죽을 준비하였으니 말이다.

거기에 몸에 좋다는 갖은 약재를 넣어 만든 한방 삼계탕은 더욱 인기가 좋다. 그러나 어찌 복날 때마다 삼계탕만 먹을 수 있겠는가?

더군다나 가만히 앉아만 있어도 땀이 줄줄 흘러내리는 더위에 닭을 손질하고 기름기와 잡내를 없애기 위해 끓는 물에 닭을 데쳐 낸 후 물을 버리고 다시 물을 부어 푹 삶는 번거로운 과정을 거쳐야 한다. 물론 힘들게 준비한 만큼 가족들이 맛있게 먹는다면 그보다 큰 즐거움은 없겠지만, 우리네 엄마들도 좀 손쉬운 음식으로 솜씨 자랑을 하고 싶다.

예부터 복날 붉은 팥과 쌀로 죽을 쑤어 더위를 이기는 음식으로 삼았는데 열병을 예방하는 주술적인 의미가 담겨 있다. 그래서 우리 집에서는 복날 팥을 이용하여 별식으로 팥칼국수, 팥현미떡국 등을 만들어 먹는다. 팥 삶는 것도 만만치 않을 것이라 생각하겠지만, 큰 냄비에 팥을 넣고 중불로 삶으면 넘칠 염려도 없고 곁에서 지켜 서 있지 않아도 잘 삶아지니 뜨거운 불과 씨름하지 않아도 된다. 팥 죽을 쑬 때 삶은 팥을 으깨어 고운체로 걸러 껍질은 버리고 가라앉은 앙금으로 죽을 쑤는 집이 대부분일 것이다. 그러나 팥 껍질에 영양분과 섬유질이 있으니 힘들게 앙금을 준비할 것이 아니라 푹 무르게 삶은 팥을 블렌더로 곱게 갈면 색도 더 짙어 맛깔스럽다.

이렇게 준비하여 갈은 팥에 생수로 농도를 조절하여 칼국수를 삶아 넣어도 되고 가래떡을 찐 후 또각또각 썰어 넣어 주어도 좋다. 현미가래떡은 백미가래떡에 비해 쫄깃한 식감은 떨어지지만 몸속의 중금속을 배출하고, 현미 배아의 피틴산이라는 해독 물질은 농약, 세제 등을 해독해 주는 등 각종 미네랄이 풍부하여 부족한 영양소를 보충해 준다.

팥을 넉넉하게 준비하여 팥 삶을 때 푹 퍼지기 전에 두 국자 정도 덜어 아이들 여름 간식으로 빼놓을 수 없는 팥빙수와 팥아이스크림을 만들어 줄 수 있어 일석삼조의 즐거움을 얻을 수 있으니 '팥현미떡국'은 아마도 자꾸 해 먹고 싶어지는 음식이 되어줄 것이다.

팥현미떡국 | 2~3인분

재료

붉은팥 400g, 현미가래떡 400g, 소금 약간, 생수 적당량, 잣 약간(고명)

※ 잣 알레르기가 있는 경우 잣은 생략한다.

※ 팥 약 100g은 팥두유아이스크림으로 만들 때 사용

조리법

1 팥을 씻어 큰 냄비에 물을 넉넉히 붓고 삶되, 팥 특유의 쏩쓸한 맛을 없애기 위하여 부르르 끓어오른 첫물은 버리고 다시 생수를 넉넉히 부어 팥이 터질 때까지 푹 삶는다.

2 뚜껑을 덮고 중불로 삶는 도중 팥물이 졸아들어 타지 않도록 중간에 부족한 물을 보충해 주면서 삶는다.

※ 팥이 푹 퍼지기 전 통팥 모양이 살아 있을 때 5큰술을 덜어 놓는다(통팥아이스크림용).

3 약 1시간 이상 삶으면 팥이 푹 물러 숟가락으로 눌렀을 때 쉽게 으깨지면 불을 끄고 부족한 물을 붓고 핸드블랜더로 곱게 갈아 준다.

※ 푹 삶아진 팥 15큰술 정도를 덜어 놓는다(통팥아이스크림용).

4 현미가래떡은 김이 오른 찜통에 약 3~5분 정도 찐 다음 가래떡을 꺼낸 후 달라붙지 않도록 찬물을 묻혀 약 1cm 두께로 썰어 그릇에 담는다.

5 곱게 갈은 팥에 물을 부어 개인 취향에 따라 농도를 조절하여 떡이 담긴 그릇에 팥물을 부은 후 고명으로 잣을 올린다.

(소금 간은 먹기 전에 하도록 한다)

※ 농도가 걸쭉하면 먹으면서 더 되직해지므로 약간 묽게 하는 것이 좋다.

• 복날은 붉은팥과 쌀로 죽을 쑤어 더위를 이기는 음식으로 삼았는데 열병을 예방하는 주술적인 의미가 담겨져 있다.

• 라디칼에 의한 DNA 손상 억제, 지질과산화 억제능에 매우 효과적으로 작용하고 있어 라디칼에 의한 산화적 스트레스로 부터 세포를 보호한다.

• 팥은 칼로리가 적고, 단백질이 40%, 지방이 20% 들어 있어 영양학적으로 곡류보다 고기에 가깝다. 그러므로 육류 섭취를 제한할 경우 육류 대체식품으로 사용하도록 한다.

• 현미는 섬유질이 풍부하여 변비에 좋고, 몸속의 중금속을 배출시켜 주며, 현미 배아의 피틴산이라는 해독 물질이 농약, 세제 등을 해독한다. 또한, 피부를 건강하게 만들어 주는 등 현미는 몸과 신체를 맑게 해준다.

가지두부카나페 │ 한 접시

가지 2개, 두부 ½모, 어린잎채소 1줌, 미니 파프리카 적색, 황색 각 1개씩

소스 간장 4큰술, 고춧가루 ½큰술, 다진 마늘 ½큰술, 생들기름 3큰술, 레몬생강청(또는 매실청)
2큰술, 식초 1큰술, 깨소금 1큰술, 실파 3뿌리

조리법

1 가지는 씻어 김이 오른 찜기에 통으로 두부와 함께 약 7분 정도 찐다.

2 가지와 두부를 찌는 동안 간장, 고춧가루, 다진 마늘, 생들기름, 레몬
  생강청을 분량대로 소스를 만들어 거품기로 고루 섞은 후 깨소금과
  송송 썬 실파를 소스에 넣는다.

3 가지와 두부를 꺼내 식히고, 어린잎은 씻어 물기를 뺀다.

4 미니 파프리카는 모양대로 얇게 썬다.

5 가지는 어슷하게 썰고, 두부는 어슷 썬 가지와 비슷한 크기로 썬다.

6 어슷 썬 가지 위에 어린잎을 올리고 그 위에 두부를 얹은 후 미니 파프
  리카를 올린다.

7 완성된 두부 카나페를 큰 접시에 빙 돌려가며 담고 소스를 카나페 위
  에 뿌린 후 남은 소스는 접시 가운데에 놓는다.

아토피가이드

- 가지는 고운 보라색을 가지고 있어 요리의 포인트 역할을 하는 가지의 주성분은 안토시안계의 나스닌(자주색)과 히아신
  (적갈색)이다. 이 중 나스닌은 성인병을 예방하는 효과가 있는 것으로 알려졌다. 콜레스테롤치를 낮추고 동맥경화 등 순
  환기 계통의 질병을 예방하는 효과가 있다.
- 콩에는 단백질(35~40%), 지방(15~20%), 탄수화물(35%) 등의 영양 성분 이외에 미네랄, 올리고당, 식이섬유, 이소플라
  본, 피틴산, 사포닌, 레시틴, 페놀산 등의 다양한 생리활성 성분이 함유되어 있어 골다공증 예방, 혈중 콜레스테롤 저하,
  혈압 강하, 항산화, 항암, 항비만, 고지혈증 등에 효과가 있다.
- 두부는 소화가 잘되는 식품이다.
- 가열하면 단백질이 변성되어 항원 성질이 약해지며, 주로 삶고 찌고 데치는 방법이 좋다. 기름에 볶거나 튀기면서 발생하
  는 과산화지질은 세포 내의 DNA에 상처를 주어 여러 가지 문제를 일으킨다.

과일 컵을 채운 강낭콩요거트범벅 ｜ 한 접시

재료

수박 ¼통, 메론 ½통, 살구 2개, 자두 2개, (울타리)
강낭콩 300g, 플레인(수제)요거트 6큰술, 굵은 소금 ½큰술, 구운 소금 1자밤

조리법

1 강낭콩은 끓는 물에 소금 ½큰술을 넣고 약 10분 정도 삶아 포근포
  근하게 익힌다.

2 수제 요거트와 삶은 강낭콩을 섞는다.

3 수박과 메론은 4×4×4cm로 썰어 가운데를 화채 스쿱이나 숟가락
  으로 파낸다.

4 자두와 살구는 반으로 잘라 씨를 발라내고, 강낭콩요거트범벅을 담
  을 수 있도록 조금 더 파낸다.

5 수박, 메론, 자두, 살구 등 각각의 과일컵 안에 강낭콩요거트범벅을
  담는다.

아토피가이드

• 강낭콩에는 우리 몸에 필요한 거의 모든 영양소가 들어 있는데, 특히 각기병 이외에도 식욕 부진, 피로, 신경염, 심장 장애 및 부종 등을 예방하는 비타민 B_1, B_2 및 B_6가 많아 쌀밥을 주식으로 하고 있는 한국인에게는 탄수화물 대사를 순조롭게 하는 식품이다. 또한, 식물성 섬유도 풍부하게 함유되어 있어 변비 개선, 대장암 예방, 동맥경화 개선 등에도 효과가 있다.

• 유산균의 섭취가 유아 아토피피부염의 증세를 호전시켜 주었다고 보고되는 등 유산균의 새로운 알레르기 조절제의 효과에 대한 연구가 이루어지고 있다.

• 살구는 비타민 A가 다른 과실에 비해 20~30배 많이 들어 있다. 살구의 황적색은 베타카로틴이 함유된 카로티노이드계 색소로서 어린이의 발육을 돕고 야맹증 및 피로 회복에 좋으며, Vit C와 함께 폐암과 췌장암 등 암 예방과 치료에 탁월한 효과가 있다. 맛이 새콤하고 달아서 더위에 달아오른 몸의 열을 식혀 주고 갈증을 멎게 하는 귀중한 약재이기도 하다.

• 자두 추출물의 항산화 활성 및 미백 활성이 있으며, 자두의 플라보노이드와 페놀산과 같은 천연 페놀 화합물을 다량 함유하고 있어 천연 항산화제 중의 하나이다.

• 자두에 포함된 항산화 역할을 하는 비타민과 무기질은 세포막 손상을 일으키는 과산화수소와 같은 활성산소를 제거하여 신체 조직의 노화와 변성을 막아주거나 그 속도를 지연시킨다.

수퍼스터프드 땅콩호박 | 4인분

butternut squash

재료

땅콩호박 큰것 2개(개당 760~900g 정도), 퀴노아 ½컵, 브로콜리 ½송이(130g), 토마토 1개,
자색양파 ½개, 바질잎 약간, 갈릭솔트 약간, 후춧가루 약간

닭가슴살조림 닭가슴살 170g, 간장 4큰술, 조청 2큰술, 레몬생강청 2큰술, 다진 마늘 1큰술, 청주
1큰술, 후춧가루 약간

조리법

1 퀴노아는 물에 세 번 정도 씻어 냄비에 퀴노아의 2배 정도 물을 넣고 뚜껑을 열어
   놓은 상태로 강불에서 끓이다가 보글보글 끓으면 약불로 줄여 냄비 뚜껑을 닫은
   다음 약 15분 정도 더 끓여 준다.

2 불을 끄고 5~10분 정도 뜸을 들인다.

   ※ 퀴노아를 약불에서 익히는 동안 냄비 안에 물 양을 확인하여 타지 않도록 살펴야 한다.

3 땅콩호박은 찜기에 25분 정도 찌면 호박 바닥 면이 살짝 설컹거릴 정도로 익는다.

   ※ 너무 푹 무르게 찌면 속을 파낼 때 모양이 무너질 수 있다. 호박 크기에 따라 찌는 시간이 달라
      지므로 익히는 도중 뚜껑을 열어 보고 익는 상태를 살핀다.

   ※ 땅콩호박에서 파낸 속을 이용해 버터넛스쿼시콩브로콜리스프 조리법을 p79에 소개하였다.

4 자색양파는 강낭콩 크기만 하게 썰고, 토마토도 양파와 비슷한 크기로 대충 썬다.

5 브로콜리는 밑둥을 잘라내고 작은 송이 모양대로 썰어 끓는 물에 굵은 소금을 넣
   어 데친 후 찬물에 헹구어 물기를 뺀다.

6 닭가슴살은 1cm 정도 크기로 썰고, 제시한 분량대로 조림장을 바글바글 끓여 닭가
   슴살을 넣어 조림장이 없어질 때까지 조린다.

7 자색양파, 토마토, 브로콜리는 올리브유 3큰술과 갈릭솔트를 넣어 간을 맞추고 닭
   가슴살조림과 섞어 호박 속을 채운 후 230℃에서 10분 예열한 오븐에 20~30분 정
   도 굽는다.

8 다 구워진 땅콩호박 위에 바질잎을 올린다. (생략 가능)

아토피가이드

• 땅콩호박은 항산화 효과와 비타민 A가 풍부해 피부 탄력과 재생을 도와주고, 눈 건강에도 좋다. 또한, 베타카로틴 성분이
  많아 성인병 예방에도 좋다.

• 퀴노아는 유아, 성장기 어린이, 노약자의 식사로 좋으며 특히 글루텐 프리 식품으로 글루텐을 소화시키지 못하거나 알레
  르기가 있는 사람들에게 대체식품으로 유용하고 혈당 조절에 필요한 당뇨병 발병의 위험도를 낮춰줄 수 있는 식품이다.

• 퀴노아에는 오메가-3과 오메가-6 지방산과 같은 불포화지방산의 함량이 높음에도 불구하고 산화에는 높은 안정성을 갖
  고 있는데, 이는 다른 곡물에 비해 항산화 기능이 우수한 α-토코페롤의 함량이 높기 때문이다.

• 퀴노아에 함유된 단백질을 다른 곡류의 단백질 비율과 비교하였을 때 쌀에는 100g당 단백질이 약 6g 정도이면, 퀴노아에
  함유된 단백질은 14g 정도로 단백질을 보충할 수 있다.

버터넛스쿼시콩브로콜리스프 | 3~4인분

재료

땅콩호박 속 파낸 것(4개 분량, 한 공기 가득), 노란콩(백태) 100g(종이컵 1컵),
브로콜리 ½송이(150g), 양파 ½개, 소금 약간, 후춧가루 약간

조리법

1 콩 1컵(종이컵)은 씻은 후 물에 잠겨 찰랑찰랑할 정도로 하루 전(10
 시간 이상)에 불린다.

 ※ 여름에는 콩이 쉽게 상할 수 있으므로 냉장고에서 불린다.

2 불린 콩물은 버리지 않고 냄비에 넣고 물을 더 넣어 삶으면서 한 번
 끓어오르면 불을 줄여 7~10분 정도 더 삶는다.

 ※ 콩이 너무 삶아지면 메주 냄새가 나고, 설익으면 비린내가 나므로 삶은 콩을
   먹어 보면서 조절한다.

3 양파는 채 썰고 브로콜리는 대충 작게 썰어 냄비에 양파와 브로콜리
 가 살짝 잠길 정도의 물(1 ½ 컵)과 소금을 약간 넣고 익힌다.

4 양파와 브로콜리가 담긴 냄비에 콩, 땅콩호박에서 파낸 속을 넣어
 블랜더나 믹서기로 간다.

5 소금과 후춧가루로 간을 맞춘다.

아토피가이드

- 땅콩호박에는 항암 물질인 베타크립토잔틴 성분이 다른 호박들에 비해 풍부하게 들어 있으며, 암세포 성장을 억제해 주
 는 카로티노이드 성분도 많이 함유하고 있다.
- 땅콩호박의 비타민 A는 시신경뿐 아니라 피부, 점막과 관련이 깊은 영양소이다. 감기 바이러스는 코나 목의 점막을 통해
 옮겨지는 경우가 대부분이다. 아토피나 가려움증도 비타민 A 섭취로 효과를 볼 수 있다. 비타민 A의 함량은 시금치나 브
 로콜리에도 풍부하다.
- 콩에는 이소플라본, 레시틴, 사포닌 등 다양한 생리활성 물질을 함유하고 있어 심혈관계 질환의 위험을 예방할 뿐만 아니
 라 항암 및 항균 등의 효과가 있으며, 노란콩 종피에는 루테인, 카로티노이드가 함유되어 있어 항산화 활성을 나나낸다.
- 브로콜리는 특히 구리와 아연이 많고 단백질, 무기질, 비타민 C와 B₂의 함량이 콜리플라워보다 높다. 십자화과 채소 중에
 서 브로콜리에 다량 함유된 설포라판(sulforaphane)은 발암에 대해 방어작용을 나타낸다.

여름 건강의 초록 신호등,
면역력 Up! 버섯오이선

　여름은 사계절 중 가장 지치고 힘든 계절이거니와 자칫 입맛을 잃어 먹는 것 조차 귀찮은 계절인 것 같다. 그래서 가장 잘 먹고 힘을 내야 하는 계절이기도 하다.

　여름철 잃었던 입맛도 되살리면서 피로도 싹 날려 버리고, 저하된 면역력도 높일 수 있는 재료들로 짝을 이뤄 만든 음식! 한 번 먹으면 자꾸자꾸 생각나는 음식! 바로 버섯오이선이다. 과연 그럴까? 의심스럽다면 오늘 당장 만들어 식탁에 올려 보자. 다음날은 분명 더 많이 만들어 며칠 동안 먹어도 질리지 않으면서 새콤달콤한 맛에 식탁의 중앙에 놓일 음식이 될 것을 장담한다.

　때로는 팽이버섯 대신 달걀지단을 부쳐 채를 썰어 넣어도 색다르고, 다시마 대신 쇠고기를 가늘게 채 썰어 불고기 양념하여 볶아 넣어도 좋다.

　여름철 우리 집 냉장고를 든든하게 지켜주는 것이 있으니 그게 바로 오이다. 며칠 전에는 오이장아찌를 담궈 오늘 저녁상에 맛을 보였고, 어제 점심에는 오이냉국을 만들어 국수를 말아 먹었는데 두 아들이 참 좋아한다. 이렇게 여름철에 가격도 저렴하고 다양한 맛으로 만만하게 식탁에 자주 오르는 오이는 몸의 열을 내려주고 오이의 차가운 성질이 여름 갈증 해소에 그만이다. 오이는 95% 이상이 수분으로 구성돼 있고 칼륨 함량이 높아 체내에 있는 염분을 노폐물, 중금속 등과 함께 밖으로 배출해 고혈압 관리에 효과가 있다.

　오이선의 품격을 높여 주는 표고버섯은 비타민 B_1, B_2 및 뼈의 발달에 도움이 되는 프로비타민 D_2인 에르고스테롤을 다량 포함하고 있다. 또한, 메티오닌은 표고버섯의 효소작용에 의해서 생성되는데, 혈중 콜레스테롤을 낮추고 발암 억제 및 면역 증강 효과가 있다. 팽이버섯도 마찬가지로 면역력 증강에 도움을 주므로 각종 질병 치유 및 예방에 효과가 탁월하다. 다시마의 후코이단은 항암, 항콜레스테롤, 혈액응고 저해 등 혈류 개선 작용이 우수하다.

　오이선의 감초 역할을 하는 식초에 대해 영양학자들은 "세 번이나 노벨상의 주인공이 됐을 정도로 영양학적 효능이 뛰어난 식초를 더 많이 섭취하고, 나아가 음용하는 문화가 필요하다."라고 말한다. 식초를 마셔서 기대할 수 있는 가장 큰 효과는 원기 충전으로 노벨 생리·의학상을 통해 입증된 사실이다. 또한, 식초는 체내 피로 물질인 '젖산'을 분해해 피로 회복에 도움을 줄 뿐만 아니라 스트레스 해소에 필요한 호르몬의 생성에 도움을 준다.

　아삭아삭한 식감과 싱그러운 청량감이 느껴지는 향긋한 오이의 매력에 푹 빠지게 하는 '버섯오이선'은 여름철 건강을 지켜주는 꺼지지 않는 초록 신호등이 될 것이다.

11
버섯오이선 | 한 접시

재료

오이 2개, 생표고버섯 2개, 다시마 10×10cm 1장, 새송이버섯 100g
표고버섯 양념: 간장 1큰술, 매실청 1큰술, 참기름 ½큰술, 생들기름 1큰술
단촛물: 식초 3큰술, 볶은 소금 ½큰술, 매실청 4큰술, 다시마 물 50ml

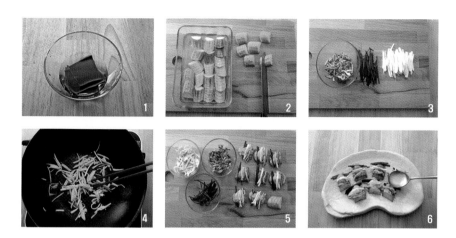

조리법

1 조리 시작 30분 전에 50ml의 물에 10×10cm 다시마를 담구어 다시마 물을 만든다.

2 오이는 반으로 갈라 7mm 두께의 사선으로 칼집을 3개씩 낸다.

3 오이가 잠길 정도의 물에 굵은 소금 1큰술을 넣어 오이를 약 20~30분 정도 절여 적당하게 간이 배이면 체에 걸러 물기를 뺀다.

4 표고버섯이 두꺼우면 포를 떠서 채 썰어 제시한 양념장(간장, 매실청, 참기름)에 무쳐 기름을 두르지 않은 코팅 팬에 살짝 볶은 후 불을 끈 상태에서 생들기름 1큰술을 넣고 무친다.

5 새송이버섯은 반을 잘라 약 4cm 길이로 채 썰어 코팅팬에 한 자밤 소금을 넣어 볶는다.

6 다시마 물을 만들었던 다시마는 곱게 채를 썬다.

7 제시한 분량대로 단촛물을 만든다.

8 오이 칼집 사이에 표고버섯, 새송이버섯, 다시마 채를 끼워 넣고, 오이선이 단촛물로 반 정도 잠기게 한다.

※ 먹기 전에 냉장고에 넣어 두면 더 맛있게 먹을 수 있다.

아토피가이드

- 표고버섯은 핵산 조미료인 구아닐산을 함유하고 있어 특유의 향기와 감칠맛을 내며, 비타민 B_1, B_2 및 뼈의 발달에 도움이 되는 프로비타민 D_2인 에르고스테롤이 다량 함유되어 있다. 렌티오닌(lenthionine)은 표고버섯의 효소작용에 의해서 생성되는데, 혈중 콜레스테롤을 낮춰 혈압 강하작용을 나타내며, 발암 억제 및 면역 증강 효과가 있다.
- 다시마의 후코이단은 항암, 항콜레스테롤, 혈액응고 저해, 혈압 조절 등의 혈류 개선 작용이 우수하며 지질대사 개선에도 효과가 있는 것으로 밝혀져 있다.
- 여름 오이는 매실과 궁합이 잘 맞는다.
- 식초를 마셔서 기대할 수 있는 가장 큰 효과는 원기 충전으로 노벨 생리·의학상을 통해 입증된 사실이다. 우리 몸은 세포 내 '미토콘드리아'에서 당(糖)을 이용해 에너지를 발생시키는데, 이 과정에서 식초의 '유기산'이 에너지 생산을 더 활발하게 한다. 그 밖에 식초가 피로 물질 '젖산'을 분해해 피로 회복에 도움을 준다는 것과 스트레스 해소 호르몬의 생성에 도움을 준다는 사실이 노벨상을 통해 입증됐다.

가지말이
매실꽃초밥 | 1인분

재료

가지 1개, 미니 파프리카(적색, 노란색) 1개씩, 아이순 한줌(5g)

매실장아찌무침 매실장아찌 다진 것 2큰술, 고추장, 간장, 다진 마늘, 다진 파, 참기름, 참깨

배합초 매실청 2큰술, 현미식초 2큰술, 소금 ⅓티스푼

밥 오분도미 발아현미밥 1공기(150g), 흑임자 ½큰술

조리법

1 제시한 분량대로 배합초를 끓여 준비한다.

2 매실장아찌는 다지고, 간장, 다진 마늘, 고추장, 참기름, 참깨를 넣어 무친다.

3 어린잎은 씻어 물기를 빼고, 미니 파프리카는 색깔별로 곱게 채 썬다.

4 가지는 감자 필러나 양배추 필러를 이용하여 길쭉한 모양대로 잘라 기름을 두르지 않은 그릴팬에 앞뒤로 익을 정도만 살짝 굽는다.

   ※ 굵기가 가는 가지는 감자 필러로 저며도 되지만, 굵은 가지는 양배추 필러를 사용한다. 가지를 기름 두른 팬에 구우면 가지가 기름을 흡수해 축 늘어진다.

5 따뜻한 오분도미현미밥에 배합초와 흑임자 1큰술을 넣고 고루 섞는다.

6 구운 가지 위에 한 숟가락의 밥을 펼치고, 노란색, 적색의 채 썬 파프리카와 매실장아찌무침, 아이순을 적당량씩 올려 돌돌 말아준다.

- 가지는 영양가가 많지는 않으나 비타민 A~C를 한 번에 먹을 수 있는 양이 많을 뿐 아니라 전체적인 영양 가치 면에서 보면 비타민과 무기질의 좋은 급원 식품이라 할 수 있다.
- 가지는 강한 암 억제 효과가 있는데 특히 가열 후에도 80% 이상 억제율을 나타낸다. 또 가지는 빈혈, 하혈 증상을 개선하고 혈액 속의 콜레스테롤 양을 저하시키는 작용이 있고, 특히 고지방 식품과 함께 먹었을 때 혈중 콜레스테롤 수치 상승을 억제한다는 많은 연구도 있다.
- 매실 추출물의 항균, 항진균 및 항산화 효과가 발표되면서 광범위한 분야에서 탁월한 효과를 나타내고 있다.
- 들기름은 오메가-3 지방산인 알파 리놀렌산이 풍부하다. 오메가-3 지방산은 알레르기 질환을 예방하고 눈의 기능을 향상시킨다.
- 오메가-3계 지방산은 염증작용을 억제하는 항염증성 효과를 나타낸다.

13
—
우뭇가사리 과일샐러드 | 한 접시

재료

우뭇가사리 1팩(420g), 자두 2개, 살구 2개, 국산 청포도 10알, 국산 블루베리 20알, 노란색 미니 파프리카 1개

샐러드소스 간장 2큰술, 레몬즙 5큰술, 레몬청 2큰술, 꿀 1큰술, 올리브유 3큰술, 다진 마늘 1 티스푼, 깨소금 1큰술, 생수 2큰술

※ 냉장고에 있는 제철 과일을 사용하도록 하고, 가급적 무농약 이상의 과일을 사용한다.

※ 각각의 과일에 알레르기가 있는 경우 해당 과일은 빼도록 한다.

조리법

1 샐러드소스를 분량대로 만든 후 거품기를 이용하여 잘 섞는다.

2 제철 과일은 먹기 좋은 한입 크기로 썬다.

3 우뭇가사리묵도 한입 크기로 썰고, 노란색 미니 파프리카는 모양대로 동글동글하게 썬다.

4 샐러드볼에 모든 재료를 한데 섞어 샐러드소스를 얹어 먹는다.

아토피가이드

- 우뭇가사리는 항산화, 면역 및 항암 등 효과가 있으며, 플라보노이드와 폴리페놀이 다량 함유되어 있어 각 조직의 지방 축적을 억제하고 지질 대사를 개선시킴으로써 동맥경화 지수를 낮추고 혈중 아디포카인(adipokine) 농도 개선에 기여한 다. 또한, 지방세포 분화 유도인자를 억제하고, 체지방세포 분해인자를 촉진함으로써 비만 예방과 치료에 도움이 된다.

- 파프리카의 주된 성분 중 하나인 비타민 C는 대표적인 항산화제로 세포에 독성을 나타내지 않고 암 예방 효과를 주는 영 양소로 인체 내에서 생성되는 자유 라디칼의 위험을 감소시키며 상피세포를 재생시키는 작용이 있다.

- 포도에는 비타민 C, 식이섬유, 폴리페놀계의 물질 등이 풍부하게 함유되어 있어 생리 활성작용이 뛰어나다. 청포도는 산 화 스트레스 억제 효과와 항천식 활성이 있으며, 청포도의 껍질에는 베타카로틴의 함량이 풍부하다.

- 블루베리는 당, 유기산, 비타민이 풍부할 뿐만 아니라 갈릭산, 카테킨, 푸룰산, 안토시아닌 등과 같은 생리활성을 갖는 페 놀성 화합물을 다량 함유하고 있어 항산화, 항염증, 항암 등의 생리활성이 있다.

애호박찜 위의
두부들깨소스 | 한 접시

재료

애호박 1개

두부들깨소스 두부 ¼모, 간장 3큰술, 생들기름 3큰술, 들깻가루 2큰술, 다진 마늘 ½큰술,
생표고버섯 1개, 홍고추 1개, 양파 다진 것 2큰술, 대파 다진 것 2큰술, 매실청 1큰술

조리법

1 애호박과 두부, 생표고버섯은 김이 오른 찜기에 약 10분 정도 찌고,
   애호박은 0.5mm 두께로 동글동글하게 썰어 접시에 돌려 담는다.

2 두부 ¼모는 칼등으로 으깬다.

3 찐 표고버섯, 홍고추, 양파, 대파는 다지고, 간장, 생들기름, 들깻가
   루, 다진 마늘, 매실청과 으깬 두부를 섞어 두부들깨소스를 만든다.

4 둥그렇게 돌려 담은 호박 위에 두부들깨소스를 얹고 나머지 소스는
   종지에 담는다.

   ※ 두부들깨소스는 밥과 비벼 먹어도 맛있다.

아토피가이드

- 두류의 가열 처리로 일어나는 변화는 트립신 저해 물질과 같은 독성 물질이 파괴되고 단백질의 이용률이 증가되는 것이
  다. 대두에 함유되어 있는 트립신 저해 물질은 가열하여 불활성화시킴으로써 아미노산의 이용률을 높여 준다.
- 단백질은 음기를 보충하는 음식이므로 아토피성 피부염을 앓고 있는 아이들에게 반드시 필요하다. 만약 동물성 단백질을
  소화시키기 어렵다면 식물성 단백질로 대체해야 한다.
- 양질의 단백질을 함유한 콩으로 단백질을 모아 만든 제품이 두부이다. 두부는 가열한 콩에 있는 글리시닌 단백질을 염을
  이용하여 모았기 때문에 소화되기 쉬운 상태이다.
- 비타민 C, 비타민 E, β-카로틴과 같은 식이 항산화제는 항산화작용으로 인해 알레르기의 발병에 영향을 주며, 발열의 위
  험을 줄이는 작용을 하는 것으로 보고하였다.
- 들깨는 오메가-3계 필수지방산인 리놀렌산 등 우리 몸에 필요한 불포화지방산을 많이 함유하고 있어 영양적으로 우수하다.

마늘종 볶음밥 | 3인분

마늘종 100g(7줄기), 당근 50g(¼개), 우엉조림(또는 김밥용 우엉지) 50g, 닭가슴살 50g, 적 파프리카(소) 1개,
오분도미밥 작은 3공기, 검정깨 1큰술

닭가슴살조림장 간장 2½큰술, 맛술 1큰술, 조청 1큰술, 다진 마늘 1작은술, 매실청 1큰술, 참기름 1큰술

조리법

1 마늘종 억센 줄기는 잘라 버리고 씻은 후 2~3등분 하고, 당근은 납작
  납작하게 썰어 끓는 물에 소금 1큰술을 넣고 데친 후 찬물에 헹구어
  물기를 뺀다.

2 데친 마늘종은 송송 썰고, 데친 당근은 콩알만 하게 썰어 생들기름 1
  큰술을 넣고 무쳐 놓는다.

3 우엉조림이나 김밥용 우엉지는 잘게 썰고, 적 파프리카도 0.5×
  0.5cm 정도 크기로 썬다.

4 닭가슴살은 0.7×0.7cm 정도 크기로 썰고, 바글바글 끓인 조림장에
  닭가슴살에 간이 배게 조린 후 불을 끄고 참기름 1큰술을 넣는다.

5 밥에 준비한 모든 재료를 넣고 검정깨 1큰술, 생들기름 3큰술과 약
  간의 소금을 넣은 후 골고루 섞어 그릇에 옮겨 담는다.

  ※ 현미밥으로 준비할 경우 소화가 잘 되도록 충분히 씹어야 하나, 시간적 여유가 없
     는 아침이나 바쁜 시간에는 현미밥보다 오분도미밥을 준비하는 것이 좋다.

아토피가이드

- 마늘종의 효능은 마늘 효능의 70% 정도로 알려져 있으며, 특히 마늘보다 식이섬유 함량이 높아 변비에도 효과적이다. 또
  한, 마늘종의 플라보노이드 등 항산화작용뿐만 아니라 혈액순환을 돕고 피를 맑게 해주며 손, 발이 찬 사람에게 좋다.
- 마늘종의 방향 성분인 유화아릴은 비타민 B군의 흡수를 촉진시키고, 항균 및 항산화작용이 있다. 비타민 C가 다량으로 함
  유되어 있고, 비타민 A를 효과적으로 섭취하려면 데친 후 생들기름을 넣어 먹도록 한다.
- 미국에서는 아토피 치료에 비타민 C를 많이 쓴다. 비타민 C는 항히스타민, 항염증, 항산화 등의 작용으로 가려움을 막는
  효과가 있기 때문이다.
- 우엉은 항진균작용, 혈당 강하작용, 항혈전작용, 간 보호작용, 지질과산화 억제작용 등이 있다.
- 동물성 단백질에 특별히 알레르기가 있는 경우를 제외하고는 동물성 식품을 식사에서 제외하는 것에 대한 합리적인 근거는 없다.

호박잎쌈이면 더위에 지친
입맛도 되살아난다

청소년기의 시작이자 성장기의 대표 아이콘인 중학생이 매료된 맛이 있다. 피자도 햄버거도 아닌 호박잎쌈이 바로 그것이다.

중학생 아들은 집에 들어서자마자 주방 쪽으로 달려오며 큰소리로 "엄마! 호박잎 사오셨어요?"라는 말로 인사를 대신한다.

"그럼, 우리 아들이 좋아하는 건데 당연히 사왔지. 미리 주문해 놓고 샀단다."

"제가 호박잎쌈에 중독된 것 같아요"

요즘 청소년들에게는 음료수 중독이나 햄버거 중독 등이 더 어울린다고 생각하지 않는가? 그런데 호박잎쌈 중독이라니…….

여름도 아닌, 그렇다고 가을이라고 하기에는 더위가 남아 있는 모호한 9월을 어떤 이들은 늦여름이라고 하고, 또 다른 이들은 초가을이라고 하는데 8~9월이 제철인 호박잎으로 지친 입맛을 되살릴 수 있는 건강 밥상을 차려 보자.

호박잎을 쌈으로 먹을 때는 어리고 연한 잎으로 한다. 호박잎에는 비타민 C와 섬유소가 풍부하여 체내의 노폐물을 제거해 주므로 여름철 더위에 지친 몸을 회복해 준다.

호박잎은 찌고, 각종 버섯과 호박, 두부 등 채소를 듬뿍 넣어 만든 강된장은 된장의 염도를 낮추면서 버섯과 채소가 가지고 있는 식중독균에 대한 항균 활성, 항산화 효과, 항암, 면역력 증강 등 기능성 영양 성분을 함께 섭취할 수 있을 뿐만 아니라 조리 완성 후 생들기름을 넣으면 오메가-3까지 섭취할 수 있으니 호박잎쌈 한 가지 음식만 준비해도 열 반찬 부럽지 않은 건강 밥상이 차려진다.

우리 집 강된장 비법에는 무가 들어간다. 무에 함유된 디아스타제(diastase)는 소화 촉진, 식중독, 숙취 해소에 효과가 있으며 라핀(rapine)은 세균, 진균, 기생충 등에 대한 항균작용이 있는 성분으로 알려져 있다. 무 등에 풍부한 비타민 A는 세포 재생 능력이 뛰어나 아토피피부염에 특히 좋은 효과가 있어 우리 집에서는 무를 많은 요리에 사용하고 있다.

발아현미와 오분도미로 지은 밥에 강된장을 넣어 호박잎으로 싸서 아이들 입에 넣어줄 때 그다지 먹고 싶지 않은 표정을 지으며 억지로 한입 먹는다. 잠시 후 아들의 표정이 바뀌더니 다른 반찬은 먹지도 않고 강된장을 넣은 호박잎쌈만 싸서 밥 한 공기를 깨끗이 비우더니 "엄마! 호박잎 또 있어요? 내일 또 해주세요."라고 한다.

우리의 전통 식재료로 만든 강된장과 호박잎으로도 입맛 까다로운 청소년기 자녀들에게 충분히 통(通)할 수 있다는 기분 좋은 여운을 남기는 '무나물청국장쌈장과 호박잎쌈'은 우리 집 메인 메뉴로 등극했다.

무나물청국장쌈장과 호박잎쌈 | 4인분

재료

호박잎 150g, 율무현미오분도미밥

무나물청국장쌈장 무 200g, 된장 4큰술, 고추장 1큰술, 양파 ¼개, 다진 마늘 ½큰술, 청양고추 또는
풋고추 1개, 홍고추 1개, (쥐눈이콩)청국장가루 3큰술, 생들기름 3큰술, 매실청 3큰술, 쪽파 3뿌리

조리법

[호박잎찌기]

1 호박잎은 줄기에서 잎 쪽으로 까슬까슬한 껍질을 잡아당기면서 벗
  겨 다듬는다.

2 김이 오른 찜통에 약 5분 정도 찐 다음 불을 끄고 5분 지난 후 꺼낸다.

  ※ 너무 푹 익히면 물러 찢어지고, 설익으면 뻣뻣하여 맛이 없다.

[무나물청국장쌈장]

1 무는 3~4cm 정도 짧게 채 썰어 볶다가 물 1국자를 넣고 불을 약하게
  줄여 뚜껑을 덮고 푹 익힌다.

  ※ 무나물을 볶을 때 소금 간을 하지 않도록 하여 쌈장의 염도를 줄인다.

2 홍고추와 풋고추 또는 청양고추는 씨를 발라내 채를 썬 후 다진다.

3 양파 ¼개는 채 썬 후 다지고, 쪽파는 송송 썬다.

4 푹 익은 무나물, 된장, 고추장, 다진 양파와 고추, 마늘, 청국장가루,
  생들기름, 매실청, 쪽파를 섞어 쌈장을 만든다.

아토피가이드

- 발효식품에 함유된 각종 단백질이나 펩타이드 등은 항암, 혈압 강하, 콜레스테롤 저하, 면역 증강, 항균작용, 비피더스 생육 촉진 등 생리활성을 나타낸다.
- 청국장의 식이섬유와 사포닌은 변비 개선에도 도움이 되며, 다량의 칼슘과 제네스테인이 풍부하여 칼슘의 흡수율을 높여주어 골다공증 예방 효과가 있다.
- 비타민 A와 베타카로틴은 T림프구 및 B림프구의 반응을 증가시키고, 상호 면역 응답 능력을 활성화시켜 생체 방어기능을 높인다.
- 무에 함유된 디아스타제(diastase)는 소화 촉진, 식중독, 숙취 해소에 효과가 있으며 라핀(rapine)은 세균, 진균, 기생충 등에 대한 항균작용이 있는 성분으로 알려져 있다.
- 무 등에 풍부한 비타민 A는 세포 재생 능력이 뛰어나 아토피피부염에 특히 좋다.

고춧잎호두무침과 고춧잎나물주먹밥 | 한 접시, 1인분

재료

고춧잎 200g, 깐 호두 4알, 당근 채 1줌(30g), 다진 파 2큰술(또는 실파 2뿌리), 굵은 소금 1큰술

양념장 국간장 ½큰술, 다진 마늘 ⅓큰술, 매실청 1큰술, 생들기름 1큰술, 소금 약간

나물밥 밥 ½공기, 고춧잎나물 1주먹 정도, 참깨 ½큰술, 참기름 ½큰술, 볶은 소금 약간

조리법

1 고춧잎의 딱딱하고 질긴 줄기는 잘라 다듬어 씻은 후 끓는 물에 굵은 소금 1큰술을 넣어 데쳐낸 후 찬물에 2~3번 헹구어 꼭 짠다.

2 참깨 2큰술은 체내 흡수율을 좋게 하기 위해 분마기로 곱게 빻고, 간 호두알은 참깨와 섞어 분마기로 대충 빻는다.

3 국간장 ½큰술, 다진 마늘 ⅓큰술, 매실청 1큰술, 생들기름 1큰술, 소금 약간을 넣어 양념장을 만든다.

4 대파는 다지고, 실파를 사용할 경우에는 송송 썬다.

5 비름나물은 볼에 풀어 놓고, 빻은 참깨와 호두, 송송 썬 실파, 양념장을 넣어 무친다.

[고춧잎나물주먹밥]

한 주먹 정도의 고춧잎나물은 밥 ½공기, 참깨 1큰술, 참기름 1큰술, 약간의 소금을 섞어 주먹밥틀을 이용하거나 손으로 주먹밥을 만든다.

나물밥

- 고춧잎 추출물의 경우 폴리페놀 함량과 총 항산화력, DPPH(항산화력을 측정하는 대표적인 분석 방법) 라디칼 제거능, 환원력 측정에서 모두 가장 높은 수치를 나타내었다.

- 삶은 고춧잎은 100g당 233mg, 깻잎나물은 325mg의 칼슘을 함유하고 있다. 단순히 100g당 함유량만 비교한다면 고칼슘 우유(100g당 118mg)보다 훨씬 높다.

- 호두 성분 중 엘라그산(ellagic acid)과 갈릭산(gallic acid)는 면역 증가 및 항암, 그리고 오메가-3는 천식, 류머티스성 염증을 비롯하여 피부 염증에 효능이 있는 것으로 확인되었다.

- 매실은 피로회복, 정장작용, 식욕증진, 해독, 항균활성 등과 같은 기능성을 가지며, 이는 대부분 풍부한 유기산의 효과에 기인한다고 볼 수 있다.

시원한 토마토쌀펜네 | 1인분

재료

쌀펜네 50g, 바질잎(장식용)
토마토소스 토마토 1개, 양파 ¼개, 레몬 ½개, 올리브유 1큰술, 청양고추 ½개, 소금 한 자밤

조리법

1 쌀펜네는 끓는 물에 약 10분 정도 삶아 건져낸 후 쫄깃한 식감을 살
   리기 위해 얼음물에 담갔다 뺀다.

2 토마토는 꼭지를 제거하고 열십자로 칼집을 낸 후 끓는 물에 데쳐낸다.

3 데친 토마토와 양파는 옥수수알갱이만 하게 썰고, 청양고추는 씨를
   털어내고 곱게 다져 올리브유, 레몬즙, 소금 한 자밤을 넣고 섞는다.

   ※ 토마토소스는 먹기 전에 미리 냉장고에 넣어 시원하게 먹을 수 있도록 한다.

4 그릇에 토마토소스를 담고 쌀펜네를 넣어 소스와 어우러지도록 섞
   어 준다.

• 토마토가 우수한 것은 토마토의 붉은색 속에 함유되어 있는 리코펜이라는 성분 때문이다. 리코펜 성분은 노화의 원인인
  활성산소를 억제하는 작용을 하며 동맥의 노화 진행을 늦추는 효능이 있다.

• 리코펜 성분은 열을 가했을 때 활성화되어 양이 증가하고 흡수율도 더 높아진다. 토마토를 삶거나 끓이는 등 가열하면 생
  토마토보다 리코펜의 체내 흡수율이 4배 정도 증가하며, 익힌 토마토에 올리브오일을 곁들이면 생토마토를 먹었을 때 보
  다 리코펜 흡수율이 9배 이상 높아진다.

• 리코펜을 많이 섭취하면 피부 합병증 예방에 효과적이라고 할 수 있다. 토마토는 아토피 원인이 되는 소화기의 열을 내리
  고 세포의 노화를 방지하는 항산화 효능이 우수한 채소이다.

• 밀이라는 곡식의 글루텐 단백질은 가장 많은 알레르기를 일으키는 물질이다. 밀가루의 완전 소화되지 않은 단백질은 알
  레르기를 일으킬 뿐만 아니라 소화되지 않고 남은 나머지는 장내 세균에 의해 또다시 알레르기 원인 물질을 만들어 면역
  기능을 방해하고 장내 생태계를 나쁘게 한다. 밀가루에 알레르기 있는 경우 쌀로 만든 제품을 사용하도록 한다.

19
—
통팥두유아이스크림

재료

붉은팥 1컵(종이컵), 꿀 2½큰술, 국산 콩두유 195ml , 소금 한 자밤

※ 팥현미떡국(p80) 만들 때 재료 삶은 통팥 5큰술, 푹 삶은 팥 15큰술,
꿀 2½큰술, 국산 콩두유 195ml , 소금 한 자밤

조리법

1 냄비에 팥이 잠길 정도로 물을 붓고 애벌로 삶은 팥물을 따라 버린다.

※ 팥을 삶을 때 철 냄비를 사용하면 팥 성분인 안토시안이 철과 결합하여 팥이 변색되어 버리므로 주의하도록 한다. 끓기 시작하면 떫은맛을 없애기 위해 물을 갈아 주는 것이다.

2 팥이 충분히 잠길 정도의 물을 다시 붓고 중불에서 40~50분 정도 삶으면 팥이 부드러워질 정도가 된다.

※ 삶는 도중 팥물이 부족하여 팥이 타지 않도록 주의한다. 팥물이 부족할 경우 중간중간 차가운 물을 부어 주면 빨리 익는다.

3 팥을 삶으면서 팥알이 통통하게 살아 있을 때 $\frac{1}{2}$의 팥은 미리 꺼내 놓고, 나머지 $\frac{1}{2}$은 믹서로 갈아야하므로 푹 퍼지도록 삶는다.

4 첨가물이 없는 국산 두유와 삶은 팥 15큰술, 꿀 $2\frac{1}{2}$큰술, 소금 한 자밤을 믹서기로 간다. ※ 우유 알레르기가 없는 사람은 우유를 사용해도 된다.

5 아이스크림이 어는 도중 부피가 팽창하므로 아이스크림틀 윗부분 0.5cm 정도 남겨놓고 내용물을 부어 냉동실에 얼린다.

아토피가이드

• 콩이나 팥, 그리고 인삼에 함유되어 있는 사포닌은 몸에 유효하다고 알려졌다. 팥의 사포닌에는 이뇨작용이 있어, 체내 수분을 적절하게 조절해 준다.

• 팥의 껍질은 장의 연동운동을 활발하게 하기 때문에 장벽의 더러운 것을 제거하며, 특수 성분인 사포닌이 많이 들어 있어 장을 자극해서 변통을 촉진하고 독소를 배출한다.

• 두유에는 노화 방지 효과가 큰 비타민 E와 피부에 윤기를 주고 피부를 재생시키는 레시틴 성분이 들어 있어 탄력 있는 피부로 회복시켜 준다.

• 두유는 대두의 소화율과 단백질 이용률을 높인 대표적인 대두 가공제품으로서 필수아미노산 및 필수지방산이 다량 함유되어 있고 철분, 인, 칼륨 등의 무기질이 풍부하며, 유당이 함유되어 있지 않아 고단백 우유 대체식품으로서 가치를 인정받고 있다.

• 두유가 갖는 특이한 화학적 조성은 유당, 아라키돈산, 아라키딘산, 알레르기 원인 단백질이 결여된 오메가-3 불포화지방산, 리놀렌산 및 아이소플라본류 등은 비교적 풍부하다.

20

머위나물버섯들깨탕 | 2인분

재료

머위대 300g, 만송이버섯 100g, 들깻가루 5큰술, 볶은 현미가루 3큰술,
멸치다시다 육수 3컵, 홍고추 1개, 대파 ¼대, 다진 마늘 ⅓큰술, 생들기름 2큰술,
굵은 소금 1큰술

조리법

1 머위대는 겉껍질을 벗길 때 긴 머위대는 꺾어 주면서 벗긴다.

　※ 머위대를 데친 후 껍질을 벗기면 손톱 밑이 까맣게 되지 않고 껍질 벗기기가 손쉽다.

2 다듬은 머위대는 끓는 물에 굵은 소금 1큰술을 넣고 약 5분 정도 삶은 후 찬물에 1시간 정도 담그면 머위 특유의 쓴맛과 아린맛이 제거된다.

3 삶은 머위는 4~5cm 길이로 썬다.

4 홍고추는 송송 썰고 파와 마늘은 다져 놓는다.

5 멸치다시마 육수에 들깻가루 5큰술과 현미가루 3큰술을 거품기로 잘 섞어 놓는다.

6 팬에 생들기름 2큰술을 두르고 다진 마늘과 다진 파를 볶다가 머위대를 넣고 볶는다.

7 ⑥에 들깨, 현미가루를 섞은 육수를 붓고 만가닥버섯과 홍고추를 넣고 국간장으로 간을 한다.

　※ 머위를 삶을 때 소금을 넣고 데치기 때문에 간이 되어 있어 추가로 소금 간을 하지 않아도 된다.

8 머위들깨탕은 끓이면서 저어 주어야 눋지 않으며 국물이 자작해지면 불을 끈다.

아토피가이드

- 머위는 항산화 효과, 항알레르기 효과, 항바이러스, 항염증, 고질혈증 예방 효과가 있으며, 라디칼 소거능이 있다고 알려졌다.
- 최근 아토피피부염의 유발을 억제하는 보호 인자로 지방산, 항산화 영양소의 역할에 대한 연구가 주목을 받고 있다.
- ω-3계 지방산인 알파 리놀렌산이 결핍되면 성장 저해, 불임, 피부 병변을 나타내지만 들깨를 섭취하면 혈압 저하 및 혈전증 개선 효과를 보인다.
- 심혈관질환 및 염증성 질환의 위험을 감소시키는 n-3 지방산 섭취를 늘려 n-6/n-3 비율을 5:1로 유지하는 것이 건강에 유익하다.
- 들깨에는 오메가-3지방산인 알파-리놀렌산 등 필수 불포화지방산이 주성분을 이루고 있고, 연구 결과에 의하면 아토피피부염 아동은 오메가-3 지방산인 알파 리놀렌산 섭취량이 정상 아동에 비해 낮았다.
- 들깨는 지질 과산화를 억제하고, 자유 라디칼을 소거하며, 신경세포의 산화적 손상을 억제할 수 있는 물질은 각종 산화적 스트레스에 의해 유발되는 신경질환에 유용하다.

파프리카를 품은 오징어 | 4인분

오징어 작은 것 2마리(300g), 오이 ¼개, 노랑, 적색, 주황색 파프리카 ¼개씩(미니 파프리카는 각각 1개씩)

초고추장 고추장 1큰술, 매실청 1큰술, 식초 ½큰술

조리법

1 오징어는 반을 갈라 내장을 제거하고, 몸통과 다리를 분리한 다음 몸통 껍질을 벗긴 후 는 끓는 물에 데친다.

2 (미니) 파프리카는 1cm 두께로 썬다.

3 오이는 0.7cm 두께로 오징어 길이 정도만 하게 썬다.

4 초고추장을 만들면서 단맛과 신맛은 기호에 맞게 조절한다.

5 데친 오징어 위에 오이와 파프리카를 색깔별로 올리고 돌돌 말아 1.5cm 두께로 썰어 접시에 담는다.

아토피가이드

• 파프리카의 주된 성분 중 하나인 비타민 C는 대표적인 항산화제로 세포에 독성을 나타내지 않고 암 예방 효과를 주는 영양소로 인체 내에서 생성되는 자유 라디칼의 위험을 감소시키며, 상피세포를 재생시키는 작용이 있는 것으로 알려졌다.

• 비타민 C, 비타민 E, 비타민 A와 같은 식이 항산화제는 만성 염증 질환 개선에 도움을 주어 아토피 질환에 긍정적인 영향을 끼치는 것으로 보고하였다.

• 오징어는 타우린, 베타인, EPA, DHA 등을 다량 함유하고 있어 오징어를 섭취하는 경우 혈중 콜레스테롤 저하작용, 혈압 정상화, 심장병 예방, 인슐린 분비 촉진 등과 같은 생리활성작용을 한다.

• 오징어는 탄수화물이 거의 없으며, HDL이 다량 함유되어 있기 때문에 지방이 많음에도 기능성 건강식품으로 주목받고 있다. 또한, 오징어는 타우린이 많이 들어 있어 항스트레스 및 항피로 작용이 있다.

PART

03

AUTUMN FOOD FOR ATOPIC FAMILY

가을

AUTUMN FOOD
FOR ATOPIC FAMILY

캐~Go구마! 먹~Go구마!

"호미는 없으니까 가다가 사야겠어요. 애들아! 옷은 편한 것으로 입고 모자 꼭 챙겨라!"

"난 따뜻한 커피와 물을 준비해야겠어요."

평소보다 좀 분주한 아침 시간을 보내고 우리 가족은 차에 올라탔다.

"Go! 고구마밭으로"

우리 가족의 첫 '고구마 캐기 체험의 날'이었다. 비록 우리가 농사지은 고구마는 아닐지라도 고구마를 수확한다는 큰 기대와 몸이 고되지 않을까? 하는 작은 걱정을 안고 드디어 지인의 고구마밭에 도착하였다.

마치 전투를 앞두고 모든 장비를 갖추듯 우리는 목장갑을 끼고, 모자를 쓰고, 옷매무새를 최대한 편하게 하고, 호미를 들자 우리 가족의 시선은 모두 고개를 숙여 고구마밭을 향하고 있었다.

근처에서 농사를 지으시는 어르신께서 호미로 땅을 팔 때 고구마가 다치지 않게 조심해야 한다며 가르쳐 주신 대로 각자 한 고랑씩 맡아 캐기 시작했다. 난 밭 고랑 중간쯤 가서 힘든 나머지 옷이 더러워지는 것도 아랑곳하지 않은 채 땅에 풀석 주저앉아 캐기 시작했다. 고구마 캐는 일도 이렇게 힘든데 농사짓는 일은 얼마나 힘들까? 하는 생각이 절로 들었다.

고구마를 싣고 돌아오는 길에 작은 아들은 "엄마! 제가 캔 고구마 단 한 개도 귀하니까 먹다 남겨서 버리지 말아야겠어요." 언젠가 먹다 남은 고구마를 냉장고에 넣어두었다가 그만 상하여 버리는 것을 본 작은아들은 그때의 일이 생각났던 것 같다.

이 얼마나 소중한 경험인가!

10월 초순 캐온 고구마는 11월인 지금은 후숙되어 당도가 높아져 참 맛있는 아침 식사로, 때로는 소중한 이야깃거리가 되어 주는 간식으로 우리 가족의 귀한 먹거리가 되었다. 그러나 그런 고구마도 먹다가 남으면 냉장고에 며칠씩 묵을 때가 있다. 이럴 때 고구마를 건강하고 맛있는 간식으로 변신시켜 보자.

고구마에는 비타민 C가 100g당 25mg이 함유되어 있지만, 다른 채소와 다르게 조리 과정을 거쳐도 70~80%가 파괴되지 않으며, 비타민 A도 하루 필요한 양의 3배 이상을 함유하고 있다. 또한, 고구마의 식이섬유는 다른 식품의 식이섬유보다 훨씬 흡착력이 강해 각종 발암 물질과 대장암의 원인이 되는 담즙 노폐물, 콜레스테롤, 지방까지 흡착해서 체외로 배출 시켜 주니 토닥토닥 두드려 주고 싶은 정말 기특한 식품이다. 이뿐만 아니라 고구마의 칼륨은 체내 염분을 소변과 함께 배출 시켜 혈압을 낮추는 탁월한 효과가 있으니 이런 고구마를 어찌 버릴 수 있겠는가?

고구마견과만주 | 한 접시

재료

(밤, 호박)고구마 300g(2개), 현미쌀가루 4큰술, 브로콜리가루 ½큰술, 두유 약간(반죽 농도 조절용), 검정깨, 소금 약간

곁들이 재료 피칸, 호두, 아몬드 등

※ 견과류 알레르기가 없는 경우에만 사용한다.

조리법

1 고구마는 찜기를 이용해 푹 찐 후 껍질을 벗겨 볼에 넣고 으깬다.

2 으깬 고구마에 현미쌀가루 4큰술, 브로콜리가루 ½큰술, 검정깨 2큰 술, 약간의 소금을 넣고 치대면서 반죽이 되직할 경우 두유로 반죽 농도를 조절한다.

※ 호박고구마를 사용할 경우 밤고구마보다 수분이 많으므로 두유를 넣지 않아도 된다.

3 고구마 반죽은 동글납작하게 만들어 견과류를 위에 얹어 눌러 준다.

4 오븐용 팬에 종이 포일을 깔고 만주가 잘 떨어지도록 미강유를 솔로 바른 후 고구마만주를 올려놓는다.

5 200℃에서 10분 정도 예열한 오븐에 약 10분 정도 굽는다.

아토피가이드

• 고구마에는 비타민 C가 100g당 25mg이 함유되어 있으며, 조리 과정을 거쳐도 70~80%가 파괴되지 않는다. 또한, 비타민 A가 19R.E/100g 정도 들어 있어 하루에 필요한 양의 3배 이상이 함유되어 있다.

• 고구마에 함유된 식이섬유는 다른 식품의 식이섬유보다 훨씬 흡착력이 강해 각종 발암 물질과 대장암의 원인으로 보이는 담즙 노폐물, 콜레스테롤, 지방까지 흡착해서 체외로 배출시킨다.

• 호두의 불포화지방산인 리놀산 함량이 전체의 60% 이상을 차지하였고, 호두기름 농도 0.5%에서 조추출물인 상태에서 상당한 알레르기 저해 효과가 있었다.

• 견과류의 지방 중 70~80%가 불포화지방산으로 이루어져 있으므로 혈장 콜레스테롤과 중성지질 농도를 저하시킴으로써 동맥경화증 유발 억제 인자로 여겨져 왔다.

• 견과류로 인해 발생하는 알레르기는 구강에 발생하는 경우가 많지만, 아나필락시스와 같은 치명적인 반응이 발생할 수 있기 때문에 견과류 알레르기가 있는 사람은 절대적으로 견과류 제거식이 필요하다.

연근불고기밥버거 | 2인분

재료 연근 1개(300g), 어린잎 50g, 비트 20g, 굵은소금 1큰술

밥양념 현미찹쌀밥 2공기, 생들기름 1큰술, 검정깨 1큰술, 소금 약간

불고기양념장 간장 6큰술, 청주 2큰술, 다진 마늘 1큰술, 매실청 2큰술, 쌀엿 2큰술, 생강가루 1작은술, 후춧가루 약간

고기반죽 다진 쇠고기(우둔살) 300g, 불고기양념장 3큰술, 다진 파 1큰술, 청국장가루 1큰술, 참기름 ½큰술

조리법

1 연근은 껍질을 벗겨 0.5mm 두께로 썰고(20조각), 끓는 물에 식초 1큰술 (아린 맛 제거)과 굵은 소금 1큰술(연근 간 맞추기)을 넣어 약 3분 정도 삶은 후 찬물에 헹구어 물기를 뺀다.

2 비트는 곱게 채 썰어 물에 담궈 붉은 물이 우러나오도록 하여 슬라이스 한 연근의 반은 비트 물에 담그어 물들인다.

3 불고기 양념장을 끓여 약간 걸쭉한 농도로 만들되, 짜지 않도록 한 번 끓 으면 불을 끈다.

4 쇠고기에 끓인 불고기 양념장을 넣어 치대면서 반죽을 만들어 연근 크기 보다 약간 크게 빚어 프라이팬이나 오븐에 노릇노릇하게 굽는다.

5 어린잎은 씻어 물기를 빼고, 현미찹쌀밥에 생들기름 1큰술, 검정깨 1큰 술, 약간의 소금을 고루 섞어 연근과 비슷한 크기로 동글납작하게 빚는다.

6 비트 물을 들인 연근과 비트 채는 물기를 제거한다.

7 연근 위에 어린잎을 올리고, 그 위에 고기, 밥, 비트 채 순으로 올린 후 연근으로 덮는다.

아토피가이드

- 연근은 항산화능, 혈당 저하작용 및 기억 증진 효과, 고콜레스테롤혈증 및 지방간의 예방과 치료에 도움을 준다.
- 아토피피부염의 중증도를 알아보는 연구 결과 아연을 보충한 군이 아연을 보충하지 않은 군보다 통계학적으로 유의한 호전 을 보였으며, 가려움증에 대한 치료 후에도 통계학적으로 유의한 호전을 보였다.
- 아연의 우수한 급원 식품은 육류, 가금류, 조개류 등의 동물성 식품이며, 식물성 식품에는 아연 함량이 낮고 아연의 체내 이 용률이 낮다.
- 비트의 주 색소 성분인 베타시아닌은 안토시아닌계 화합물로 항산화 및 항암, 항염 효능이 있다.

03
참나물토마토현미리소토 │ 2인분

재료

참나물 60g, 완숙 토마토(중) 2개, 방울토마토 6개, 만송이버섯 100g, 현미밥 1공기, 올리브오일 3큰술, 소금, 후춧가루 약간

고기 밑간 닭안심이나 쇠고기 120g, 적포도주 1큰술, 매실청 1술, 다진 마늘 ½큰술, 소금 1작은술, 후춧가루 약간

조리법

1 닭안심이나 쇠고기는 한입 크기로 썰어 제시된 분량대로 밑간을 한다.

2 참나물은 씻어 물기를 빼 3~4cm 길이로 썰고, 만송이버섯은 가닥가닥 떼어 놓는다.

3 완숙 토마토는 블랜더로 갈고, 방울토마토는 $\frac{1}{2}$ 등분하여 썬다.

4 현미밥은 올리브오일 3큰술, 소금 1작은술, 약간의 후춧가루를 넣어 섞는다.

5 프라이팬에 올리브오일 1큰술을 넣고 반씩 자른 방울토마토를 살짝 볶은 다음 접시에 덜어 놓는다.

6 프라이팬을 살짝 달군 후 밑간한 고기를 넣어 볶다가 간 토마토를 넣어 충분히 볶은 다음 만송이버섯을 넣는다.

7 ⑥에 현미밥을 넣어 고기와 토마토가 밥에 촉촉이 스며들면 참나물과 볶은 방울토마토를 넣어 섞은 후 불을 끄고 접시에 옮겨 담는다.

아토피가이드

- 참나물은 약용으로 비타민과 Ca, Fe, 베타카로틴이 다량 함유되어 있어 웰빙 채소로 많이 이용될 뿐 아니라, 생약명으로는 야근채라고 하며, 간염, 고혈압, 중풍 예방, 빈혈, 신경통, 해열제로 이용되고 있다.
- 참나물은 돌연변이 억제 효과와 항암 효과, 천연 항산화제로서의 효과 및 에탄올 추출물의 항산화 효과가 있으며, 지질과 산화를 측정한 결과 과산화지질 생성을 억제시키는 항산화 효과가 있다.
- 토마토는 비타민 A, B, C, E, K 등과 미네랄, 카로틴 및 라이코펜이 풍부하게 함유되어 있다.
- 토마토에 포함된 리코펜과 베타카로틴 등 카로티노이드는 전립선암 억제 효과, 항산화 효과, 저밀도지단백(LDL)의 산화 억제 효과 등이 보고되고 있다.
- 느티만가닥버섯은 저지방 고단백질 함유 버섯으로 특히 단백질을 구성하는 아미노산 중에서 정미성 특성을 갖는 글루탐산을 많이 함유하고 있다.
- 느티만가닥버섯의 생리활성으로는 버섯의 항진균 활성과 항종양 효과, 항암 활성 등이 있다.

04

뿌리채소영양밥 | 3~4인분

재료

토란 150g, (손질)연근 100g, 우엉 100g, 당근 50g, 표고버섯 3장, 다시마 10×10cm 1장,
발아현미 1컵, 오분도미 1컵

양념장 간장 5큰술, 매실청 2큰술, 다진 마늘 ½큰술, 다진 양파 2큰술, 생들기름 3큰술,
깨소금 2큰술, 쪽파 5뿌리, 홍고추 1개, 청양고추 1개

조리법

1 발아현미는 5시간 이상을, 오분도미는 30분 정도를 불리고, 토란을 데칠 쌀뜨물을 받아놓는다.

2 연근은 필러로 껍질을 벗겨낸 후 0.5cm 두께로 썰어 4~6등분한다.

3 우엉도 필러로 껍질을 벗겨낸 후 어슷하게 썬다.

4 우엉과 연근의 아린맛을 제거하기 위해 끓는 물에 식초 1큰술을 넣고 데쳐 낸다.

5 토란도 아린맛을 제거하기 위해 끓는 쌀뜨물에 굵은 소금 1큰술을 넣고 껍질째 약 3분 정도 데친 후 찬물에 헹구어 껍질을 벗겨 큰 것은 3등분, 작은 것은 2등분한다.

  ※ 토란을 데치지 않고 껍질을 벗길 경우 반드시 위생장갑을 끼고 손질해야 따갑지 않다. 데친 후에는 맨손으로 토란을 만져도 따갑지 않다.

6 당근은 도톰하게 은행잎 모양으로 썰고, 표고버섯은 얇게 채썬다.

7 압력밥솥이나 토기솥에 씻은 쌀을 넣고 다시마를 얹은 후 토란, 연근, 우엉, 당근, 표고버섯을 넣어 밥을 짓는다.

8 밥을 짓는 동안 홍고추와 풋고추는 가운데를 갈라 씨를 발라내 곱게 다지고, 양파도 다지고, 쪽파도 송송 썰어 제시한 분량대로 양념장을 만든다.

아토피가이드

• 토란은 감자류 중에서는 비교적 단백질이 많이 함유되어 있고 필수아미노산과 식이섬유소가 풍부하다. 또한, 칼륨과 인, 칼슘 등의 무기질과 비타민 C가 풍부하다.

• 표고버섯의 베타글루칸은 항암제로 개발되어 사용하는데, 체내 면역계의 기능을 활성화하므로 항암작용을 나타낸다.

• 베타글루칸은 면역 시스템을 향상시켜 암세포를 막아 주고 아토피성 피부염, 천식, 화분증 및 류머티즘 등과 같은 과잉 면역 반응을 면역 억제 기능에 의해 정상을 유지하는 작용도 한다.

• 우엉은 카페인산, 클로로제닉산 등 많은 종류의 폴레페놀 화합물을 함유하고 항균작용이 있으며, 염증 억제 효능이 있다.

• 당근은 베타카로틴에 의한 직접적인 항암작용을 나타내는 것 이외에 노화, 성인병과 관련이 있는 활성산소종 등에 대한 강력한 항산화 작용을 나타낸다.

밤단호박현미죽 | 1~2인분

재료

밤 15개, 단호박(중) ½개, 현미밥 ⅓공기, 뜨거운 생수 500㎖, 검정깨와 잣 약간(고명), 소금 약간

조리법

1 밤은 단단한 겉껍데기와 속껍질을 벗긴다.

   ※ 속껍질은 찌고 나서 벗기면 수월하다.

2 단호박은 깨끗이 씻어 반을 잘라 속의 씨를 파내고, 껍질째 각각 $\frac{1}{2}$ 등분하여 김이 오른 찜기에 밤과 단호박을 찐다.

3 생수 500㎖를 끓인다.

4 블랜더에 찐 단호박과 밤, 끓인 생수, 약간의 소금을 넣어 갈아 준다.

   ※ 만들기도 손쉬워서 아침 식사 대용으로 좋다.

아토피가이드

- 밤은 항산화작용, 항암작용, 면역력의 증진, 질병의 예방이나 회복, 노화 억제 등 기능성 식품으로 중요성이 강조되고 있다.
- 밤의 갈릭산이 아질산염 소거능 등 강한 라디칼 소거능을 가진다.
- 단호박은 베타-카로틴의 함량이 높을 뿐만 아니라 비타민 A와 카로티노이드류, 비타민류, 칼슘, 나트륨, 인이 풍부한 섬유질을 함유하고 있으며, 구성 당류의 소화 흡수율도 높다.
- 단호박은 청둥호박에 비해 비타민 A, B₁, B₂, C의 함량이 월등히 높을 뿐만 아니라 호박의 대표적 기능성 성분인 베타-카로틴의 함량이 청둥호박에 비해 10배 이상 높으며 항산화능도 청둥호박에 비해 우수하다.
- 베타-카로틴은 항산화제로 작용하여 조직의 산화를 예방할 수 있으며 상피세포를 재생시키는 작용이 있다.

무화과오픈샌드위치 | 한 접시

재료

무화과 2개, 쌀식빵(밀가루 無) 3조각, 루꼴라, 청귤 1개

아보카도스프레드 아보카도 1개, 청귤즙 1큰술, 양파 다진 것 1큰술, 토마토 ½개, 꿀 1큰술, 소금, 후춧가루 약간

조리법

1 아보카도는 반을 갈라 숟가락으로 과육 부분만 떠내어 으깬다.

   ※ 아보카도의 겉이 진초록색일 경우 덜 익은 것이며, 거의 검은색에 가깝게 색이 짙어지면 먹기 좋게 익은 것으로 칼로 반을 가르면 씨가 그대로 빠진다.

2 양파는 다져서 물에 담궈 매운맛을 빼고 면보로 꼭 짠다.

3 토마토는 다지고, 아보카도는 숟가락으로 으깨어 다진 양파와 꿀 1큰술을 넣고 영귤 1개를 꼭 짜서 넣은 후에 소금 후춧가루로 간을 하여 고루 섞으면 아보카도스프레드가 완성된다.

4 무화과는 0.5mm 두께로 동글동글하게 슬라이스하고, 영귤도 아주 얇게 슬라이스한다.

5 루꼴라는 씻어 물기를 빼고, 쌀식빵은 토스터나 팬에 구워 버터 대신에 아보카도스프레드를 펴 바르고 무화과를 올린다.

아토피가이드

• 한방에서 무화과 열매는 위를 튼튼하게 하고 장을 맑게 하며, 옹저(癰疽: 종기의 총칭)나 상처가 부은 것을 삭아 없어지게 하는 효능이 있다. 그리고 비(脾)를 보하고 위의 기능을 더해 주며, 장을 적셔 주고 대변을 통하게 하고 열기를 식히고 열로 인해 고갈된 진액을 회복시키는 효능이 있다.

• 무화과는 소화불량, 식욕부진, 인후통, 노인성 변비에 효과가 있고 장염, 이질, 치질을 치료한다.

• 아보카도는 버터의 향과 고소한 풍미를 갖고 있다. 일부에선 달걀과 풍미가 비슷하다고 하는데 이는 아보카도가 달걀에 있는 지방, 아황산 화합물, 난황에 있는 루테인, 제아크사틴, 카로틴 같은 카로티노이드 화합물이 있어서다. 따라서 달걀이나 우유에 알레르기가 있는 경우 아보카도를 대체식으로 먹어도 좋다.

• 아보카도 과육은 비타민과 미네랄 함량이 풍부하고 엽산, 칼슘과 식이섬유 함량이 높으며, 포화지방산 함량이 낮고 다른 식물성 기름과 비교할 때 올레산을 주성분으로 하는 단일 불포화지방산 함량이 높다.

• 루꼴라 추출물이 천연 소재로서 피부장벽 기능 향상을 위해 활용 가치가 높고, 항균활성과 플라보노이드 성분들이 피부장벽 기능 향상에 유효하다.

엄마가 선보인 가을맞이 심플 슈퍼푸드 '블루베리고구마라떼'

올여름 더위에는 수식어가 늘 따라다녔다. 불볕더위!, 찜통더위!, 가마솥더위!

그런 불볕더위에도 아랑곳하지 않고 뜨거운 열기 속에서 땀 흘리며 정성껏 급식을 준비하는 조리원들의 드러나지 않는 노고에 더욱 감사한 여름이었다. 그러나 온 국민을 지치게 한 더위도 계절의 흐름을 역행할 수는 없는 것 같다. 아침저녁으로 부는 서늘한 기운에 우리 몸은 가을이 오고 있음을 알아차리고 있었다.

3식을 하는 고등학교에서의 아침은 급식실에서 시작한다.

눈을 부비며 잠이 덜 깬 모습으로 아침 식사 시간 끝나기 5분 전에 식당으로 들어서는 아이들을 볼 때면 마음이 짠하다.

출석 체크 시간에 늦을까 봐 뛰어가는 아이들에게 줄 요구르트나 바나나 등을 바구니에 담아 아이들 손에 건네주며 아이들에 대한 짝사랑을 표현한다.

직업 때문일까? 나는 내가 맛있는 음식을 먹을 때보다 내가 만든 음식을 가족들이 그리고 학교 식구들이 맛있게 먹을 때가 더 행복하다.

가을이 오는 길목에서 첫선을 보이고 싶은 식품이 있다. '땅속의 붉은 심장'으로 불리는 고구마는 뜨거운 태양과 땅속의 기운을 받아 자란 건강 식품으로 가을부터 겨울까지 많은 사람의 사랑을 받는 양식이며 간식이다.

　특히 고구마에는 면역력에 좋은 비타민 A, C, E와 칼륨, 섬유소 등이 풍부할 뿐만 아니라 각종 성인병의 원인이 되는 활성산소를 없애는 항산화 능력이 탁월하다. 밤고구마보다 달달한 호박고구마로 아이들의 입맛을 사로잡아 보자.

　뉴욕타임즈의 10대 장수 음식으로 선정된 블루베리를 곁들인다면 더욱 훌륭한 슈퍼푸드가 만들어진다. 블루베리는 안토시아닌이 많기로 유명한데 안토시아닌은 눈의 망막에서 붉은빛을 감지하는 로돕신 형성을 촉진시켜 시력 저하를 예방하고 눈의 피로를 완화해 공부에 지친 아이들뿐만 아니라 어르신까지 아우르는 식품이다.

　여기에 아몬드나 호두, 피칸과 같은 견과류를 섭취하면 눈의 윤활유 역할을 해주는 지방 성분을 만드는 데 도움이 되기 때문에 견과류를 넣어 주면 고소한 맛도 더하면서 영양까지 챙길 수 있다.

　재료도 심플! 조리법도 심플! 그러나 맛과 영양은 슈퍼푸드!
　그래서 '블루베리고구마라떼'는 아들과 딸을 짝사랑하는 엄마가 가을맞이로 선보이고 싶은 심플 슈퍼푸드이다.

07
베리베리 좋은 베리고구마라떼

재료

블루베리라떼 블루베리 100g, 고구마(중) ½개(50g), 두유 195㎖, 피칸 300g, 꿀 1큰술
(기호에 따라 선택)

라즈베리라떼 산딸기 100g, 고구마(중) ½개(50g), 우유 200㎖, 아마씨가루 1큰술

※ 우유에 알레르기가 있을 경우에는 두유를 사용하도록 하고, 견과류 알레르기가 있다면
견과류를 빼고 만들도록 한다.

조리법

1 고구마는 씻어 찜솥이나 압력솥에 찐다.
   ※ 압력솥에 찌면 시간이 단축된다.

2 블루베리라떼: 찐 고구마는 껍질째 두유, 블루베리, 피칸, 꿀을 섞어 블렌더로 간다.

3 라즈베리라떼: 찐 고구마는 껍질째 우유, 산딸기, 아마씨가루를 섞어 블렌더로 간다.

4 완성된 베리고구마라떼는 스프볼이나 컵에 옮겨 담는다.

아토피가이드

- 영양학적으로 고구마는 필수아미노산의 균형을 이루는 단백질과 지방, 식이섬유, 무기질 등이 풍부하게 들어 있고, 비타민 A와 비타민 C도 많이 함유되어 있다.
- 고구마의 비타민 C는 열을 가하여도 거의 손실이 없으며, 비타민 A의 항암작용, 비타민 E의 항산화작용, 얄라핀과 식이섬유의 변비 해소, 칼슘의 출혈 방지, 칼륨의 혈압 강하, 식물 프로게스테론의 여성 골다공증 예방, 안토시아닌 색소의 간 기능 보호 등이 있다.
- 블루베리가 함유하고 있는 안토시아닌, 플라보노이드, 리코펜은 항산화능, 시력 강화, 면역 시스템 증진 및 뇌졸중 방지에 효과가 뛰어나며, 뉴욕타임지에서 세계 10대 슈퍼푸드로 선정되었다.
- 플라보노이드의 항염증 및 항알레르기 작용은 각종 염증 관련 세포인 비만세포나 혈소판 및 호염기구 등에서 히스타민을 비롯한 각종 염증 매개물의 유리 억제작용과 아라키돈산 대사물의 생성을 억제하기 때문인 것으로 보고되고 있다.

무화과샐러드 | 한 접시

재료

무화과 1개, 라디초우 3장, 율무 50g(종이컵 ½컵), 마른 두부(생식용) ¼모, 어린잎 10g, 오이 ½개
무화과드레싱 무화과 1개, 올리브유 3큰술, 레몬즙 3큰술, 레몬청 3큰술, 꿀 ½큰술, 소금, 후춧가루 약간

조리법

1 율무는 씻어 끓는 물에 넣고, 중불로 줄여 약 30분 정도 익을 때까지 삶은 후 찬물에 헹구어 물기를 뺀다.

2 무화과는 대충 썰어 올리브유, 레몬청, 레몬즙, 꿀, 소금 후춧가루를 한데 섞어 블랜더로 갈아 무화과 드레싱을 만든다.

  ※ 라디초우와 같이 쓴맛이 나는 잎채소를 사용할 경우 꿀을 첨가하고 그렇지 않을 경우에는 꿀을 넣지 않아도 된다.

3 무화과는 8등분하고, 마른 두부는 사방 1cm 정도 크기로 깍둑썰기를 한다.

4 어린잎은 씻어 물기를 빼고 라디초우도 씻어 물기를 뺀 후 대충 손으로 찢는다.

  ※ 라디초우외 상추, 양상추, 루꼴라 등 집에 있는 잎채소를 사용한다.

5 오이는 긴 모양대로 필러로 얇게 슬라이스하여 돌돌 만다.

6 샐러드볼에 모든 재료를 한데 섞어 무화과 드레싱을 뿌린다.

아토피가이드

- 《동의보감》에 따르면 무화과는 맛은 달고 음식을 잘 먹게 하며 설사를 멎게 하는 효능을 설명하고 있다.
- 비타민은 그다지 많지 않지만 칼슘이나 철분 등 미네랄이 풍부하다. 식이섬유의 일종인 펙틴(Pectin)이 풍부해 장 청소나 변비 해소에 도움을 준다.
- 육류 소화를 도와주는 피신(Ficin)이라고 하는 효소도 있으며, 피신은 프로티아제의 일종으로 무화과 등의 식물의 유액 중에 존재하는 단백 분해 효소이다.
- 《본초강목》에 이르기를 "율무는 위장에 이롭고 비장을 튼튼하게 하며 폐장을 보호한다. 그밖에 열(熱)과 풍(風)을 없애 주고, 습(濕)을 이기게 한다."라고 했다.
- 라디초우는 쓴맛을 내는 인터빈 성분이 있어 소화를 촉진하고 심혈관계 기능을 강화하는데 도움을 주며, 비타민과 미네랄이 풍부하며, 이 중 비타민 A, C, E와 엽산 칼륨이 많이 함유되어 있다.

생와송만가닥버섯초회 │ 한 접시

재료

생와송 150g, 만가닥버섯 100g, 적 파프리카 ½개, 노랑 파프리카 ½개, 연근칩 6개

초고추장 고추장 3큰술, 매실청 2큰술, 식초 2큰술

조리법

1 초고추장 소스를 만든다.

2 만가닥버섯은 끓는 물에 살짝 데쳐낸 후 찬물로 헹구어 물기를 뺀다.

3 생와송은 씻은 후 물기를 빼고 가닥가닥 떼어 낸다.

4 파프리카는 3mm 두께로 채를 썬다.

5 접시 위에 연근칩을 놓고, 연근칩 위에 와송, 버섯, 파프리카를 가지
  런히 올린 후 초고추장 1작은술씩 각각의 와송 위에 얹고 소스를 곁
  들인다.

  ※ 연근칩의 바삭한 식감과 와송과의 어우러진 맛이 깊이를 더한다.

6 바로 먹을 경우에는 모든 재료를 섞어서 초고추장으로 버무려도 좋다.

아토피가이드

- 와송은 우리나라에서 오래전부터 민간요법으로 간염, 종기에 대한 면역작용, 지혈제 및 암 치료제 등으로 사용되어져 왔으며, 최근 와송에 존재하는 파이토케미컬 화합물로 스테롤, 트리테르페노이드류, 플라보노이드류 및 페놀성 화합물 등이 소화기 계통의 암에 효과가 좋은 것으로 알려졌다.

- 와송은 항암 효과, 지질과산화 억제 효과 등의 항산화 활성과 각종 항균 효과 및 고혈압 예방 효과, 통풍 억제 효과 및 항당뇨 효과 등의 약리성 식품 생리활성과 미백 효과, 주름 개선 효과, 수렴 효과, 항염증 효과, 여드름균을 포함한 피부상재균 억제 효과 등이 있다.

- 느티만가닥버섯은 저지방 고단백질 함유 버섯으로 특히 단백질을 구성하는 아미노산 중에서 정미성 특성을 갖는 글루탐산을 많이 함유하고 있다.

- 느티만가닥버섯의 생리활성으로는 버섯의 항진균 활성과 항종양 효과, 항암 활성 등이 보고되고 있다.

STORY

울긋불긋 가을 색!
접시에 담아 볼까?

가을의 중턱에 들어서면 울긋불긋 곱게 물든 단풍에 근심은 사라지고 어느덧 상심(賞心: 경치를 즐기는 마음)으로 바뀌어 있다. 그렇듯 가을은 마치 바람처럼 소리 없이 찾아와 어느새 한 자리를 차지하고는 우리를 수확의 향연으로 초대한다.

가을은 나누어 먹을 게 많아서 더없이 좋은 계절이면서 울긋불긋 가을 색처럼 풍성한 먹거리에 마음까지도 넉넉해진다.

넉넉해진 마음으로 정성스레 만든 음식은 우리 가족을 식탁으로 불러 모으고 식탁에 앉은 아이가 발을 구르면 엄마의 손은 바빠진다. 가족들의 입가에 번진 웃음에 엄마의 수고로움은 사그라지고 기쁨이 자리한다.

가을에는 특히 버섯요리가 많이 소개되기도 하는데, 그럴만한 이유가 있다. 쌀쌀해진 날씨에 적응하고 겨울을 준비하기 위해 면역력을 높일 수 있는 음식을 섭취하기에 버섯만큼 좋은 게 없다. 그러나 버섯은 아이들이 가장 싫어하는 식품 중 하나로 급식 식단에 버섯을 사용할 때마다 고민하는 식재료이기도 하다.

그런 버섯에 오감을 만족시키는 가을 색을 입혀 버섯을 싫어하던 아이가 한번 먹어볼까? 하는 생각을 갖게 하는 샐러드를 만들어 보자.

버섯은 면역력 증진에 빠지지 않고 등장하는 식품으로 당질, 단백질, 비타민,

무기질과 같은 영양소가 풍부하여 영양학적인 측면뿐만 아니라 약리적인 효과가 있는 'wholesome food'로 우리 집에서는 떨어지지 않는 식재료이다.

느티만가닥버섯은 모양도 예뻐 시각 효과도 있으면서 지미 성분을 갖는 글루탐산을 많이 함유하고 있어 입맛 당기는 맛을 낸다. 인공 재배로 약 100일 동안 키우기 때문에 '백일송이'라고도 불리는 이 버섯의 특성은 조직이 치밀하고 신선도가 오래 유지되는 편이어서 냉장고에 오랫동안 보관이 용이하고, 볶음이나 찌개 등에 다양하게 활용된다.

느티만가닥버섯은 항진균 활성과 항종양 효과를 보이며, 콜레스테롤 배설 촉진과 간에서 콜레스테롤 합성을 억제하는 등 지방을 줄이는 효과가 있다.

가을의 대표 과일인 배에는 소화효소가 많이 들어 있어 소화를 도와줄 뿐만 아니라 변비에도 효과가 있으니 배도 넣어볼까? 미각을 자극하고 아삭한 식감을 살려주는 브로콜리는 항암 및 해독 효과, 뛰어난 항산화작용을 가진 β-카로틴, 루테인, 비타민 C, 셀레늄 등이 다량 함유되어 있어 세계 10대 슈퍼푸드로 매일 먹으면 더없이 좋은 식품이다.

여기에 단풍처럼 붉은색으로 포인트가 되어 줄 붉은 파프리카에는 비타민 C와 A가 풍부하여 피부 재생 및 피로회복에 매우 효과적이니 가을 버섯 배샐러드는 가을의 정취와 건강까지 안겨 주는 음식으로 가족의 몸과 마음의 보약이 될 것이다.

배버섯브로콜리샐러드 | 한 접시

만송이버섯 100g, 브로콜리 100g(½개), 배 ½개, 미니 파프리카(붉은색) 1개,
갈릭솔트 약간, 굵은 소금 1큰술

드레싱 매실청(또는 레몬청) 6큰술, 레몬 ½개(또는 식초 4큰술), 생들기름 3큰술, 다진 마늘 ⅓큰술

조리법

1 매실청(또는 레몬청) 6큰술, 레몬 ½개(또는 식초 4큰술), 생들기름 3큰술, 다진 마늘 ⅓큰술을 섞어 드레싱을 만들어 놓는다.

2 브로콜리는 적당히 잘라 끓는 물에 굵은 소금 1큰술을 넣고 살짝 데친 후 찬물에 헹구어 물기를 뺀다.

3 기름을 두르지 않은 팬에 만가닥버섯을 넣고 갈릭솔트를 약간 뿌려 살짝 볶는다.

4 배는 2등분하여 껍질을 벗겨 가운데 씨 부분을 도려내어 부채꼴 모양대로 썬다.

5 모든 재료를 섞어 샐러드볼에 담아 드레싱을 뿌린다.

아토피가이드

• 배에는 소화효소가 많이 들어 있어 소화를 도와줄 뿐만 아니라 변비에도 효과가 있다.

• 최근 의학계 보고서에 의하면 미세먼지가 많은 대도시 주민이나 튀김음식, 고기를 많이 섭취한 사람이 배를 같이 먹으면 배에 함유된 섬유소 소화효소가 발암 물질 및 독성 물질을 쉽게 체외로 배출시켜 항암 효과가 큰 것으로 나타났다.

• 브로콜리는 특히 구리와 아연이 많고 단백질, 무기질, 비타민 C와 B_2의 함량이 콜리플라워보다 높다. 십자화과 채소 중에서 브로콜리에 다량 함유된 설포라판은 발암에 대한 방어작용을 보인다.

• 브로콜리에 항암 및 해독 효소의 유도 효과가 크다고 알려져 있으며, 항산화작용을 가진 베타-카로틴, 루테인, 비타민 C, 셀레늄, 쿠와세틴, 글루타치온, 글루칼레이트가 다량 함유되어 있다.

• 천연 식초는 유기산의 보고이며 피로를 풀고 비만세포와 발암 물질을 억제하고 아토피와 노화 방지에도 효능이 있다는 임상 보고가 많다.

11
토란쇠고기버섯들깨찜 | 한 접시

재료

토란 300g, 쇠고기(사태) 100g, 표고버섯 3장, 다시마 10×10cm 1장, 국간장 1큰술,
들깻가루 6큰술, 물 300㎖, 대파 ½대, 홍고추 1개, 청양고추 1개

쇠고기 양념 간장 2큰술, 매실청 2큰술, 배즙 2큰술, 다진 마늘 1큰술, 생강가루 ½작은술,
청주 1큰술, 참기름 ½큰술, 후춧가루 약간

조리법

1 쇠고기는 기름기 없는 부위로 준비하여 사방 2×2cm 썰어 제시한 양념장에 20~30분 정도 재워 둔다.

2 냄비에 쌀뜨물을 끓여 소금 1큰술을 넣고 토란을 껍질째 3~5분 정도 데쳐 낸 후 찬물에 헹구어 껍질을 벗기고 큰 것은 2등분한다.

   ※ 토란 껍질을 벗긴 후 데쳐 낼 경우 반드시 위생장갑을 끼고 손질해야 손이 따갑거나 가렵지 않다. 껍질째 데친 후 벗기면 손이 따갑지 않고 쉽게 벗길 수 있다.

   ※ 토란의 아린맛과 끈기가 있는 액체를 없애기 위해서는 식초 물에 데치거나 쌀뜨물에 데치도록 한다.

3 표고버섯은 4등분한다.

4 팬을 달군 후 쇠고기를 볶다가 물 300㎖를 넣고 센 불에서 한 번 끓으면 다시마를 넣고 약불로 줄여 쇠고기가 익을 정도로 약 10분 정도 끓인 후 다시마를 건져낸다.

5 토란, 표고버섯, 국간장 1큰술을 넣어 약불에서 15분 정도 익혀 쇠고기에서 충분히 육수가 우러나도록 한다.

   ※ 토란은 다시마와 함께 조리하면 다시마의 알긴 성분이 토란 속 유해 성분과 떫은맛을 잡아 주어 토란 고유의 맛이 살아난다.

6 쇠고기와 토란이 잘 어우러져 충분히 익으면 들깻가루 6큰술과 송송 썬 대파를 넣어 한소끔 끓인 후 불을 끈다.

7 다시마는 마름모 모양으로 썰어 고명으로 얹는다.

아토피가이드

• 토란은 감자류 중에서는 비교적 단백질이 많이 함유되어 있고 필수아미노산과 식이섬유소가 풍부하다. 또한, 칼륨과 인, 칼슘 등의 무기질과 비타민 C가 풍부하다.

• 토란은 세포성 면역능의 활성화와 직접 관련이 있는 생체방어에 작용하는 면역기구를 활성화하는 기능이 있으며 토란 내 바이러스 감염 세포나 암세포를 파괴시키는 자연 면역기능이 있다.

• 아연은 신진대사에 빼놓을 수 없는 미네랄로서 DNA나 RNA 등 핵산의 합성에 관여하고, 단백질의 대사와 합성에도 관여한다. 또한, 피부 재생을 도와 건조와 주름을 방지한다.

• 아연이 부족하게 되면 생체막이 산화적 손상을 입어 특정 물질의 운반이나 수용체에 장애가 생기고, 성장 및 근육 발달 지연, 생식기의 발달 저하, 면역기능의 저하와 상처 회복이 늦어진다.

• 아연의 우수한 급원 식품은 육류, 가금류, 조개류 등의 동물성 식품이며, 식물성 식품에는 아연 함량이 낮고 아연의 체내 이용률이 낮다.

고구마줄기멸치버섯볶음 | 한 접시

고구마 줄기 200g, 멸치 ½컵(종이컵), 생표고버섯 3개, 홍고추 1개, 청양고추 ½개, 굵은 소금 1큰술, 멸치다시다 육수 200㎖, 생들기름 1큰술
양념장 된장 1큰술, 멸치액젓 1큰술, 생들기름 1큰술, 다진 마늘 ½큰술, 쪽파 4뿌리,
고춧가루 ½큰술, 청주 1큰술, 매실청 1큰술

조리법

1 고구마 줄기는 반을 똑 잘라 껍질을 벗기면 쉽게 벗겨지나 겉껍질이 질
  겨서 안 벗겨질 때에는 소금물에 담갔다가 벗기면 잘 벗겨진다.

  ※ 고구마 줄기 껍질을 벗기지 않고 조리하면 질기고 간이 배지 않는다.

2 껍질 벗긴 고구마 줄기는 끓는 물에 굵은 소금 1큰술을 넣고 데친 후 찬
  물에 헹구어 5~6cm 길이로 썬다.

3 양파와 표고버섯은 채 썰고, 쪽파는 송송 썬다.

4 제시한 분량의 재료를 고루 섞어 양념장을 만든다.

5 팬에 고구마 줄기, 채 썬 양파와 표고버섯을 넣고 멸치다시다 육수를 붓는다.

6 양념장을 고루 섞은 후 멸치를 넣어 끓으면 불을 중불로 줄여 뚜껑을 덮
  어 간이 배도록 익히면서 중간에 두세 번 저어 준다.

7 고구마 줄기에 간이 배고 국물이 자작하게 남았을 때 어슷 썬 홍고추와
  청양고추를 넣고 살짝 익힌 후 불을 끄고 생들기름 1큰술을 넣어 고루
  섞어 접시에 담는다.

• 고구마 줄기는 수용성 식이섬유가 풍부할 뿐만 아니라 다른 채소들에 비해 단백질, 카로틴, 비타민, 칼슘, 철 등이 풍부하
  고, 폴리페놀, 플라보노이드를 비롯하여 많은 항산화 물질을 함유하고 있다.

• 고구마 줄기는 항산화성, 아질산염 소거능, 항돌연변이 효과 등이 있으며, 고구마 줄기를 섭취하면 체내 세포막 손상, 단
  백질 분해, 지질 산화, DNA 변성 등을 초래하는 자유 라디칼을 소거하는 능력이 뛰어나다.

• 알레르기와 아토피는 장내 점막 면역 형성이 중요하다. 식이 칼슘은 2차 담즙산과 같은 장내 세포 독성 물질에 대한 방어
  효과를 가지므로 장내 환경 개선 효과를 나타낼 수 있다.

• 멸치는 단백질, 철분, 비타민 및 칼슘뿐 아니라 나이아신, 핵산 및 고도불포화지방산 등을 다량 함유하고 있기 때문에 성
  장기 어린이, 임산부, 노약자 등 현대인들에게 매우 필요한 수산 식량 자원이다.

STORY

'고등어구이와 유자청무생채'로
면역세포가 춤추는 가을 味人이 되다

'한밤중에 목이 말라 냉장고를 열어 보니 한 귀퉁이에 고등어가 소금에 절여져 있네….' 김창완(산울림)의 '어머니와 고등어'란 노랫말처럼 '고등어구이'는 소박하면서도 정겨움이 묻어나는 음식이다.

"가을 고등어와 가을 배는 며느리에게 주지 않는다."라는 속담이 있을 정도로 9~11월이 제철인 가을 고등어는 겨울을 나기 위해 체내에 영양분과 지방을 많이 축적해 다른 계절에 잡힌 것보다 맛뿐만 아니라 면역력의 최고봉인 오메가-3 등의 지방 함유량이 최대 30%까지 달한다고 하니, 우리네도 겨울을 건강하게 지내기 위해서 이맘때쯤 제철 식재료로 면역력을 최대로 높여 놓아야 한다.

집에서 생선을 구우면 냄새 때문에 생선 구매를 꺼리는 사람들이 많아지자 요즈음에는 구워서 파는 곳도 생겼다. 한편으로는 그렇게라도 먹을 수 있어 다행스럽다는 생각이 든다.

고등어 음식을 먹을 때마다 생각나는 웃지 못할 이야기가 있다.

음식 하기를 좋아하지 않는 어떤 선생님은 고등어조림은 손이 많이 가서 아들에게 고등어구이만 해주었다고 한다. 그 아이가 초등학교에 들어가 급식으로 나온 고등어조림을 먹어 보고 "엄마! 왜 고등어구이만 해주셨어요? 고등어조림도 맛있는데"라고 했다는 소리를 듣고 급식으로 다양한 음식을 제공하는 것도 중요하지만 우리 엄마들도 아이들에게 다양한 음식을 접할 기회를 주는 것도 참 중요

하다는 생각이 들었다.

요즘에는 가시가 제거된 씻지 않아도 되는 구이용 고등어가 있어 간편하게 고등어구이를 할 수 있다. 그뿐만 아니라 조리기구도 다양하여 그릴에 올려만 놓아도 냄새 없이 먹음직스럽게 구울 수 있으니 이 가을에 자주 식탁에 올려 가족의 건강을 챙겨야겠다.

고등어는 지방이 많기 때문에 기름을 두르지 않고 구워도 좋다. 고등어가 구워지는 동안 고등어구이의 맛과 면역력을 배가시킬 수 있는 유자청무생채를 만들어 보자. 유자청무생채에 들어가는 무와 배도 가을 제철 식재료로 그 기능 역시 고등어에 뒤지지 않는다.

무의 매운맛과 향을 내는 성분은 기침과 가래를 가라앉히는 데 효과가 있어 호흡기가 약하거나 목감기에 자주 걸리는 사람은 무로 다양한 요리를 해서 먹도록 한다. 이맘때 특히 환절기에 몸의 저항력이 떨어져서 기관지 점막이 약하게 되면 바이러스가 침입하여 감기에 걸리기 쉬운데, 기관지 점막을 튼튼히 하고 감기 바이러스에 대한 저항력을 기르는데 무엇보다 비타민 A가 중요하다.

고등어에는 비타민 A와 D가 풍부할 뿐만 아니라 고등어의 오메가-3는 염증을 치료하고 면역력 증진에 효과가 뛰어나다. 배도 기관지 질환에 효과가 있어 가래와 기침을 없애고 소화를 촉진시킨다. 대파에는 비타민, 칼슘, 철분 등이 풍부해 위의 소화작용을 돕고 감기를 예방하고 치료하는 데 도움을 준다.

고등어 비린내가 싫어 고등어구이를 먹지 않았다면 상큼한 유자청무생채를 곁들인 고등어구이는 분명 또 먹고 싶어지는 고등어구이가 될 것이다.

어렸을 적 내가 좋아하는 과자만 들어 있던 종합선물세트처럼 좋은 재료로만 모아 만든 '고등어구이와 유자청무생채'로 면역세포가 춤추는 가을 味人이 되어 보지 않겠는가?

고등어구이와 유자청무생채

재료

고등어 손질된 것 ½마리(1팩)

무생채 무 150g, 배(중) ¼개, 대파 1대, 유자청 3큰술, 식초 3큰술, 다진 마늘 1작은술, 굵은 소금 약간

조리법

1 무는 채 썰어 식초 3큰술과 굵은 소금을 약간 뿌린 후 약 10분 정도 절인다.

2 손질된 고등어 1팩을 오븐에 굽거나 기름을 두르지 않은 팬에 노릇 하게 구워 준다.

3 고등어를 굽는 동안 배는 채 썰고, 대파는 5cm 길이로 곱게 채를 썬다.

4 절여진 무는 물로 한 번 헹구어 베보자기로 꼭 짠 후 대파 채와 배를 섞은 후 유자청과 다진 마늘을 넣어 무친다.

5 구워진 고등어와 유자청무생채를 곁들여 접시에 담는다.

  ※ 고등어구이와 무생채를 함께 먹으면 상큼한 유자청 때문에 비린내가 덜 난다.

아토피가이드

- 오메가-3 다가불포화지방산 함량이 높은 어류의 섭취 빈도가 높은 그린란드의 에스키모인에서 아토피 질환이 흔하지 않 다는 보고가 있다.
- 증상이 심한 아토피피부염 환자에게 10일간 정맥주사로 오메가-3 지방산을 투여한 경우 중증도가 개선된 연구 결과가 있다.
- 고등어는 등푸른생선에 속하며 영양 성분으로 오메가-3 지방산 특히 DHA, EPA와 같은 불포화지방산을 많이 함유하고 있을 뿐만 아니라 단백질, 지방, 칼슘, 인, 나트륨, 칼륨 등의 영양소들을 함유하고 있다.
- 유자는 구연산, 비타민, 다당류 등을 함유하고 있어서 새콤달콤한 맛을 내고 향기도 좋다. 유자의 신맛과 단맛은 간, 위 장, 비장의 기운을 북돋아 준다.
- 무는 소화불량, 숙취 해소, 진해거담, 해열, 소염작용 등이 있으며, 항염 항산화 성분인 페놀성 화합물, 플라보노이드 함 량이 높다.

※ 생선이 아토피성 피부염의 원인이거나 악화 요인으로 작용할 경우 섭취에 주의하여야 한다. 생선은 가성 알레르겐 (trimethylamine)이 함유되어 있는데, 이 성분은 신선도가 저하될수록 증가하므로 생선은 신선한 것으로 구매하여 흐 르는 물에 씻어 가성 알레르겐을 제거한 후 조리하도록 하는 것이 좋다.

※ 식초는 고등어의 알레르기를 일으키는 히스타민의 생성을 방지하는 작용이 있다.

밤조림을 품은 양송이버섯 │한 접시

생밤 20알, 양송이버섯 7개, 생들기름 1큰술, 소금, 후춧가루 약간
조림장 간장 2큰술, 레몬생강청 1큰술, 청주 1큰술, 조청 1큰술, 검정깨 1큰술

조리법

1 생밤은 겉껍데기와 속껍질을 모두 벗기고, 양송이버섯은 기둥을 떼어낸다.

2 김이 오른 찜통에 깐밤과 버섯을 넣은 다음 버섯은 2분 뒤에 꺼내고, 깐밤은 7분 정도 찐 다음 꺼낸다.

3 냄비에 물 1컵 정도를 붓고 간장 2큰술, 레몬생강청 1큰술, 청주 1큰술을 넣어 센불로 바글바글 끓어오르면 찐밤을 넣고 졸이면서 색깔이 고르게 입도록 살살 저어 준다.

4 자작자작 졸아들면 조청 한 큰술을 넣어 센 불에서 뒤적여준 다음 불을 끈다.

5 찜기에서 꺼낸 양송이버섯은 생들기름 1큰술, 소금, 후춧가루 약간을 넣어 고루 섞는다.

6 양송이버섯 안쪽에 밤을 넣어 접시에 담은 후 검정깨를 뿌려 준다.

아토피가이드

• 밤은 단백질, 지질, 비타민, 무기질 등 5대 영양소가 고루 함유되어 있으며, 영양적으로 뛰어나 성장기 어린이에게 이롭다.
• 밤은 위와 비장을 튼튼하게 하고 신장을 보호하며, 피부, 피로회복, 감기 예방에 효과적이다.
• 양송이버섯은 단백질이 많고 비타민 B_1, B_2, 나이아신, 에르고스테롤 등이 함유되어 있으며, 티로시나제, 아밀라제, 말타제, 프로테아제 등의 소화효소가 풍부하여 다른 음식물의 소화 흡수를 돕는 작용을 한다.
• 양송이버섯은 무기질도 풍부하며 특히 티로시나제는 혈압을 내리게 하는 작용을 할 뿐만 아니라 빈혈 치료에도 효과가 있다.
• 들기름의 리놀렌산은 필수지방산의 하나로서 혈압 저하 및 혈전증 개선, 암세포의 증식 억제, 학습 능력 향상, 망막 및 뇌의 발달, 알레르기 체질 개선, 수명 연장 등과 관련이 있다는 것이 알려졌다.

15
—
당근볶음 | 한 접시

재료

당근 300g(1½개), 금이버섯 100g, 양파 ½개, 생들기름 2큰술, 깨소금 1큰술, 소금 약간

조리법

1 당근은 껍질을 벗겨 채 썰고, 양파도 곱게 채를 썬다.

2 금이버섯은 밑동을 잘라 버리고 가닥가닥 찢어 놓는다.

   ※ 금이버섯은 볶음요리에 적당하며, 금이버섯 대신에 느타리버섯 등 다른 버섯을 이용해도 좋다.

3 프라이팬에 물 3큰술을 넣고 채 썬 당근이 나근나근 볶아지면 양파를 넣고 볶는다.

   ※ 당근 자체의 맛을 온전히 느끼기 위해 마늘을 생략하였으나 넣어도 좋다.

4 양파의 숨이 살짝 죽었을 때 금이버섯과 소금을 넣어 센 불에 모든 재료가 어우러지도록 섞어 주면서 볶는다.

5 불을 끄고 생들기름 2큰술과 깨소금 1큰술을 넣어 고루 섞은 후 접시에 옮겨 담는다.

   ※ 당근의 아삭한 식감을 살리기 위해 양파와 당근이 푹 익지 않도록 주의하고, 완성한 당근볶음을 프라이팬에 그냥 두면 팬의 잔열로 더 익을 수 있으므로 바로 접시에 옮겨 담도록 한다.

아토피가이드

- 당근은 비타민 A의 전구체인 카로틴을 많이 함유하고 있으며, 인체에서 암이나 노화, 각종 성인병을 일으키는 활성산소종 등에 대한 강력한 항산화작용을 나타낸다.
- 베타-카로틴은 항산화제로 작용하여 조직의 산화를 예방할 수 있으며 상피세포를 재생시키는 작용이 있는 것으로 알려지고 있다.
- 삶은 당근을 먹은 사람의 혈중 베로카로틴 농도는 섭취 6시간 후 날 당근을 먹은 사람의 1.4배, 8시간 후에는 1.6배에 달했다.
- 농진청 자료에 의하면 금이버섯(황금팽이)은 베타글루칸 함량이 100g당 50~67g으로 백색팽이보다 2배가량 높고, 영지버섯·상황버섯 등 다른 버섯보다도 월등히 높다.
- 당근은 기름으로 요리할 경우 베로카로틴 흡수율이 높아지지만 기름 과다 섭취는 좋지 않다.
- 생들기름을 사용하는 이유는 들기름 착유 시 효율화 및 맛과 향을 좋게 하기 위해 들깨를 볶아 착유하는 과정에서 조단백질, 당질 및 중성지질 함량이 증가되고 아미노산 함량이 감소하기 때문이다.
- 생들기름은 추출 과정에서 인공적인 열처리 및 용매 처리가 이루어지지 않기 때문에 열에 의한 변성이나 용매의 잔존 위험이 없다.

표고버섯두부찜 | 한 접시

생표고버섯(대) 6개, 두부 ½모, 검정깨 1큰술, 다진 당근 3큰술, 소금 1작은술, 감자전분 1큰술
곁들임 재료 참기름 1큰술, 생들기름 2큰술, 깨소금 1큰술, 들깻가루 1큰술

조리법

1 당근은 껍질을 벗겨 곱게 다진다.

2 두부는 베 보자기를 이용해 물기를 꼭 짠 후 소금 1작은술, 다진 당
   근, 검정깨 1큰술을 넣어 골고루 섞는다.

3 표고버섯은 기둥을 뗀 후 버섯 안쪽에 감자전분을 묻히고 치댄 두부
   로 둥글게 가득 채운다.

4 김이 오른 찜통에 약 3분 정도 찌고 불을 끈 후 1분 정도 뜸을 들인다.

5 표고버섯을 찌는 동안 참기름과 들기름을 섞어 곁들임 기름장을 만
   들고, 참깨 간 것과 들깻가루를 준비한다.

6 표고버섯찜을 꺼내 접시에 옮겨 담고 곁들임 기름장과 깨소금, 들깻
   가루를 각각 찍어 먹으면 다양하고 건강한 맛을 즐길 수 있다.

아토피가이드

- 표고버섯의 레티난은 강력한 항암작용과 항바이러스 물질로 면역 체계를 활성화한다. 따라서 표고버섯이 가지고 있는 성
  분들은 암뿐만 아니라 감기 같은 바이러스 질병과 고혈압, 당뇨병 등 생활습관 병에도 효과가 있다.
- 표고버섯은 생체 내 생리활성 물질인 인터루킨-1, 인터루킨-3 등 유도와 체내에 침입한 세균을 먹어 버리는 대식세포와
  T세포 등 각종 면역 담당 세포를 활성화시켜 면역 조절 반응을 일으키는 것으로 알려져 있다.
- 표고버섯은 각종 무기질과 비타민이 풍부하고, 섬유질이 풍부하여 위와 소장의 소화를 돕는다.
- 두부의 재료인 대두단백질은 혈중 콜레스테롤, 지질단백질(LDL) 등의 농도를 감소시켜 심혈관질환 예방 효과가 있으며,
  대두 올리고당은 장내 비피스더스균 증식 촉진 등의 효과가 있다.
- 두부의 아미노산 조성이 동물성 단백질과 유사하여 곡류 위주의 식생활에서 부족되기 쉬운 리신과 같은 필수아미노산이
  풍부하고 소화율이 높은 양질의 고단백질 식품이다.

PART

04

WINTER FOOD FOR ATOPIC FAMILY

겨울

WINTER FOOD
FOR ATOPIC FAMILY

STORY

겨울이 기다려지는 이유,
정겨운 홍합버섯밥

　우리는 늘 가는 계절을 아쉬워하면서 이미 마음속에는 새로운 계절을 맞이할 준비를 하고 있다. 어쩌면 벌써 오고 있는 계절을 기다리고 있을지도 모른다.

　새로운 계절을 맞이할 때마다 내가 왔노라고 신호를 보낸다. 사람들의 옷차림에서도 계절의 변화를 알 수 있지만, 무엇보다도 제철이 되어야 먹을 수 있는 식재료들은 계절을 알리는 전도사인 것이다.

　나의 머릿속에는 늘 음식과 관련된 생각뿐이어서인지 봄이 오면 봄나물을 밥상에 올릴 수 있다는 기쁨 뒷전에는 겨울에 먹었던 굴과 매생이 같은 식재료들을 기다리며 여름을 보내고 또다시 가을을 기다린다. 그리고 어느새 찾아온 겨울을 맞이한다.

　그 기다림이 행복하고 즐거운 이유는 가족들과 그리고 좋은 사람들과 맛있는 음식을 먹을 수 있다는 생각에서이며, 먹거리에는 나눔이 있고 정겨운 이야기가 함께하기 때문이리라.

　날씨가 추워지면서 몸이 움츠러질 때쯤 기다리던 식재료 중 겨울에 먹어야 제맛인 홍합으로 끓인 홍합탕은 따끈한 국물을 호호 불며 먹을 때 몸도 마음도 따뜻해져 온다. 거기에 알맹이를 쏙쏙 빼먹는 재미가 있어 온 가족이 둘러앉아 홍합 껍데기를 수북이 쌓아가며 먹다 보면 이야기꽃은 끊이지 않는다.

　산란기인 5~9월에 채취한 홍합에는 '삭시토신'이라는 독소가 들어 있어 피하도

록 한다. 싱싱한 홍합을 고를 때는 껍데기가 까맣고 윤기가 나며 껍데기가 부서지지 않은 것을 선택한다. 입이 벌어진 홍합은 상한 것이니 골라내고, 껍데기 밖으로 나온 족사(수염)를 손으로 당겨 뽑거나 가위로 잘라낸다. 씻을 때는 껍데기끼리 비벼가며 씻으면 이물질이 떨어져나간다.

홍합에는 비타민 B_{12}, B_2, C, E, 엽산, 요오드, 셀레늄 등의 미네랄, 칼슘, 인, 철분뿐 아니라 단백질이 다량 함유되어 성장기 아동과 청소년들에게 부족한 칼슘과 철분을 보충할 수 있어 매우 우수한 식품이다. 이렇게 홍합은 다양한 영양소를 한번에 섭취할 수 있으니 바쁜 현대인들에게는 맞춤 식품인 것이다.

또한, 홍합에는 오메가-3 지방산이 풍부한 것으로 알려져 두뇌 활동과 관절에도 좋다. 홍합에 들어 있는 핵산과 타우린 성분은 손상된 간을 보호해 주고 피로 회복 외에도 항암 및 항염 효능이 있으며, 값은 저렴하기까지 하여 겨울 보양식으로 강추하고 싶다.

이 중 홍합에 들어있는 셀레늄은 몸 속의 유해 산소를 제거하고, 노화 방지, 면역기능 강화에도 탁월한 효능이 있다. 홍합에는 100g당 약 40ug의 셀레늄이 들어 있는데, 이는 일일 권장량에 해당하는 수치로 하루에 홍합 열 개 정도 먹으면 충분히 채울 수 있다.

우리 집에서는 겨울에 손님이 찾아오면 홍합의 진수를 맛볼 수 있는 바다 향 그윽한 따뜻한 홍합버섯밥을 대접하면 색다른 맛에 놀라고 정성스런 밥상에 감동한다. 간단하면서도 맛과 감동이 있는 밥상을 선사해 주니 '정겨운 홍합버섯밥'이라 이름을 붙여도 좋겠다.

홍합버섯밥 | 4인분

재료

홍합살 600g, 표고버섯 100g(5개 정도), 노루궁뎅이버섯 100g, 당근 ½개(100g)

오분도미현미밥 (발아)현미찹쌀 ¾컵, 오분도미 1컵

양념장 간장 2½큰술, 참기름 4큰술

조리법

1 발아현미는 5~6시간 정도 불리고, 오분도미는 30분 정도 불린다.

2 표고버섯과 당근은 채 썰고, 노루궁뎅이버섯은 찢어 놓는다.

3 홍합살은 수염을 떼어내고 2~3번 씻어 이물질을 제거한다.

4 불린 쌀은 압력밥솥에 넣고, 평소보다 밥물을 적게 하여, 간장 2½큰
술, 참기름 4큰술을 불린 쌀에 고루 섞어 준다.

  ※ 홍합살에 염분이 있기 때문에 간장을 조금만 넣어도 된다. 간장을 밥 지을 때
    넣으면 별도의 양념간장 없이 쌀알에 간이 골고루 배어들어 깊은 맛이 난다.

5 밥 위에 홍합살, 표고버섯, 노루궁뎅이버섯, 당근을 얹은 후 밥을 짓
는다.

6 지어진 밥을 고루 섞어 그릇에 담는다.

- 홍합은 항산화, 항암, 항염증에 대한 효과와 알코올 분해효소에 미치는 영향이 보고되었다.
- 노루궁뎅이버섯은 항암작용, 면역 증강, 경구 복용 시 소화기계 질병인 위궤양, 십이지장궤양, 만성 및 역류성 위염증 치료에 효과적인 성분들이 다량 함유되어 있다.
- 최근에는 노루궁뎅이버섯으로부터 치매 치료제로 이용 가능한 물질이 분리되어 그 구조가 밝혀졌으며, 신경 성장 인자의 합성을 촉진하는 성분의 함유, 혈관 평활근의 증식 촉진 및 손상된 간에 대한 보호작용 등도 보고되고 있다.
- 증상이 심한 아토피피부염 환자에게 10일간 정맥주사로 오메가-3 지방산을 투여한 경우 중증도가 개선된 것이 관찰되었다.
- 당근은 비타민 A의 전구체인 카로틴을 많이 함유하고 있으며, 인체에서 암이나 노화, 각종 성인병을 일으키는 활성산소종 등에 대한 강력한 항산화작용을 나타낸다.

꼬막미나리비빔밥 | 2인분

발아현미밥(발아현미, 오분도미) 2공기, 꼬막 1kg, 미나리 150g, 양파 ½2개, 식초 3큰술, 굵은 소금 2큰술

꼬막 해감 물(꼬막이 잠길 정도), 굵은 소금 2큰술

양념장 간장 4큰술, 고춧가루 ½큰술, 매실청 1큰술, 꼬막 삶은 물 1큰술, 청주 1큰술, 다진 마늘 ½큰술,
실파 8뿌리, 홍고추 1개, 청양고추 1개, 참기름 1큰술, 생들기름 1큰술, 깨소금 1큰술

곁들이 재료 감태

조리법

1 꼬막이 잠길 정도의 찬물을 붓고, 굵은 소금 2큰술 정도를 넣어 30분 이상 해
감한 후 바락바락 문질러 씻어 이물질을 제거하고 충분히 헹군다.

2 끓는 물에 꼬막을 넣고 입이 벌어지면 체로 건져 살만 발라낸다.

※ 발라낸 살을 찬물로 헹구면 꼬막의 맛 성분이 빠져나가므로 찬물로 헹구지 않는다.

3 청양고추와 홍고추는 곱게 다지고, 실파는 송송 썰어 제시한 분량대로 양념
장을 만든다.

※ 아이들이 먹을 경우. 청양고추는 넣지 않는다.(매운 음식은 가려움증 유발)

4 미나리는 다듬은 다음 미나리가 잠길 정도의 물에 식초 3큰술을 넣어 1분 정
도 둔다(거머리 제거).

5 미나리는 흐르는 물에 흔들어 씻어 4cm 정도로 썰고, 양파는 얇게 채 썬다.

6 꼬막살은 양념장에 무치고, 남은 양념장은 종지에 따로 담아낸다.

7 밥 위에 꼬막무침, 미나리, 양파 채를 얹는다.

※꼬막비빔밥에 구운 감태를 싸 먹으면 향긋한 맛과 감칠맛에 색다른 맛을 즐길 수 있다.

아토피가이드

• 아연은 굴·모시조개·대합, 꼬막과 같은 어패류와 현미, 달걀 등에 많다.

• 아연은 노화를 촉진하는 활성산소를 없애는 항산화 효소의 보조 성분으로 노화 예방에 중요한 역할을 한다.

• 피부가 손상을 받으면 섭취량보다 훨씬 많은 아연의 손실이 일어나는 경우가 있다.

• 미나리는 비타민이 풍부한 알칼리성 식품으로 혈중 콜레스테롤과 혈당량을 줄인다. 칼슘, 철분, 칼륨, 인, 아연 등의 무기질과 식이섬유도 들어 있어 당뇨병 환자에게 좋다. 깨끗한 피를 만들고 소변을 잘 나오게 한다.

• 오메가-3계 지방산은 오염증 작용을 억제하는 항염증성 효과를 나타내며, 한국인에게 오메가-3를 섭취할 수 있는 가장 좋은 방법은 생들기름을 열을 가하지 않고 그대로 섭취하도록 한다.

• 생들기름은 추출 과정에서 인공적인 열처리 및 용매 처리가 이루어지지 않기 때문에 열에 의한 변성이나 용매의 잔존 위험이 없다.

정월대보름에는 시래기황태버섯밥이 책임진다고 전해라~

우리 민족 최대의 명절인 설날을 보내고, 보름이 지나면 민족 고유의 명절인 정월대보름(음력 1월 15일)을 맞이하게 된다. 정월대보름의 시절식으로 묵은 나물을 먹으면 1년 동안 더위를 먹지 않는다고 했다. 묵은 나물은 겨울철 신선한 채소가 부족할 때 봄, 여름, 가을에 나오는 다양한 나물을 말려 두었다가 해를 지나 묵혀먹는 나물을 말하는 것으로 겨울철에 부족한 식이섬유와 각종 무기질과 비타민을 보충할 수 있다.

고사리, 시래기(말린 무청), 취나물, 다래순, 호박고지 등 나물의 종류도 다양하지만, 요즘은 나물을 직접 말려서 만들어 먹는 집이 얼마나 있겠는가? 시장이나 마트에서 삶아 놓은 나물을 사서 만들어 먹는 것도 매우 드물다. 반찬가게에서 만들어진 나물을 구매하여 먹는 것도 그나마 다행이라는 생각이 들 정도이니까 말이다.

학교에서는 추석, 동지, 설, 보름 등 명절에 맞는 절식(節食)을 그나마 맛볼 수 있지만, 아이들에게는 맛을 떠나 '나물'은 그 단어만으로도 맛없는 음식으로 낙인찍혔으니 자녀가 있는 가정에서는 더 맛보기 어려운 음식이 되어 버렸다. 아이들의 입맛을 하루아침에 바꿀 수는 없지만 식탁에 종종 올려 친숙한 음식으로 다가가게 하는 것도 중요하다고 생각한다.

말려 두었던 무청을 물에 불려 푹 삶아 껍질을 벗겨 시래기나물도 해먹고 황태

와 표고버섯, 노루궁뎅이버섯 등을 한데 섞어 밥을 지어 먹으면 나물만 상에 올렸을 때보다 더 맛있게 그리고 더 많은 양의 나물을 먹을 수 있어 좋다. 나물은 맛을 내기가 어려운데 시래기밥은 솜씨가 없는 사람이 만들어도 "어라! 맛있는데?"라는 말을 들을 수 있으니 여기저기 소문내고 싶어지는 음식이다.

시래기황태버섯밥의 주연급인 무청은 유해활성 산소 소거 능력이 있는 베타카로틴, 안토시아닌 등을 함유하고 있어 항산화 및 항암작용 등의 우수한 생리활성이 있다. 무청 시래기는 식이섬유와 미네랄, 비타민 A와 C, 칼슘 등이 풍부해 겨울철 어떤 식품에도 뒤지지 않는다. 또한, 칼슘의 체내 흡수를 돕는 비타민 D도 풍부해 골다공증 예방을 돕는다.

각 가정에는 떨어지지 않는 식재료가 있을 것이다. 우리 집에서는 느타리버섯, 표고버섯 등 버섯류로 가끔 매장에서 보이는 노루궁뎅이버섯도 든든한 면역력 지원군이다.

알레르기가 있어 육류 섭취를 못 하는 사람들에게 황태는 우수한 단백질 식품으로 일반 생선류보다 단백질과 칼슘이 풍부하고, 콜레스테롤이 거의 없으며 영양가가 높다. 황태에는 생태보다 3배 이상의 단백질이 함유되어 있으며, 이외에도 간을 보호해 주는 메티오닌, 리신, 트립토판과 같은 필수아미노산이 많이 포함되어 있어 심혈관계의 조절과 항산화 효과가 있다. 또한, 황태는 성질이 따뜻하여 소화기능이 약한 사람이나 손발이 찬 사람에게 좋은 식품으로 오염과 공해가 심한 환경에서 생활하는 현대인들의 몸속에 축적된 독소를 제거하는데 효과가 뛰어나니 시래기황태버섯밥은 가족의 건강을 지켜줄 든든한 보양식이 될 것이다.

시래기황태버섯밥 | 4인분

재료

발아현미 ¾컵, 오분도미 1컵, 삶은시래기 200g, 노루궁뎅이버섯 100g, 황태포 1마리

밥물 다시마 10×10 1장

시래기 양념 생들기름 2큰술, 국간장 1큰술

황태포 양념 생들기름 1큰술, 간장 ½큰술

양념간장 간장 5큰술, 쪽파 5뿌리, 청고추 1개, 홍고추 1개, 매실청 1큰술, 다진 마늘 ½큰술, 생들기름 3큰술, 들깻가루 2큰술

조리법

1 발아현미는 씻어 약 3시간 이상 불리고, 오분도미는 30분 정도 불린다.

2 다시마는 1컵의 물에 담그어 30분 정도 우린다.

3 노루궁뎅이버섯은 결대로 찢고, 황태포는 껍질을 벗겨 작은 크기로 찢으면서 잔가시를 발라낸다.

4 데친 시래기는 겉껍질을 벗겨 제시한 양념으로 조물조물 무쳐 놓고, 찢은 황태포는 제시한 양념으로 무쳐 놓는다.

※ 황태포를 찬물에 적셔 짠 후 양념에 무쳐 밥을 지을 경우 황태가 보들보들하고, 황태를 건조된 상태로 양념에 무쳐 밥을 지으면 마른 황태의 식감을 느낄 수 있다.

5 압력밥솥에 물기 뺀 불린 쌀, 다시마 물 1½컵, 생들기름 2큰술을 넣어 고루 섞은 다음 노루궁뎅이버섯, 양념한 시래기와 황태무침을 얹어 밥을 짓는다.

6 쪽파는 송송 썰고, 청고추와 홍고추는 다져 제시한 분량대로 양념간장을 만든다.

7 밥이 다 지어지면 골고루 섞어 그릇에 담고 양념간장으로 비벼 먹는다.

※ 황태와 시래기에 간이 되어 있으므로 양념간장은 조금만 넣도록 한다.

[시래기 손질하기]

1 잘 말린 시래기는 쌀뜨물에 약 반나절 정도 불리면서 물을 2~3번 갈아주며 쓴맛을 우려낸다.

※ 시래기는 쌀뜨물에 불려야 더 부드러워진다.

2 불린 시래기는 약 50분~1시간 정도 삶는 도중 위와 아래를 섞어 골고루 삶아 지도록 하면서 무른 정도를 손으로 만져보며 확인한다.

3 삶은 시래기는 맑은 물이 나올 때까지 여러 번 헹구어 이물질을 제거하고 찬 물에 약 1시간 정도 담가 쓴맛을 우려낸 후 겉껍질을 벗겨낸다.

※ 시래기는 손질하는데 시간이 많이 소요되므로 한꺼번에 손질하여 냉동실에 넣어 두었다가 필요할 때마다 꺼내 먹으면 좋다.

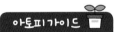
아토피가이드

- 무청은 유해 활성산소 소거 능력이 있는 베타카로틴, 안토시아닌 및 글루코시눌산 등을 함유하고 있어 항산화 및 항암작용 등의 우수한 생리활성이 있다.
- 노루궁뎅이버섯의 베타글루칸은 다른 버섯보다 많이 들어 있으며, 갈락토실글루칸과 만글루코키실칸은 노루궁뎅이버섯에만 들어 있다. 또한, 면역 반응을 잡아주어 알레르기, 아토피 등 피부염에 효과가 있다.
- 황태에는 생태보다 3배 이상의 단백질이 함유되어 있으며. 칼슘, 인, 칼륨 등이 많이 들어 있고 간을 보호해 주는 메티오닌, 리신, 트립토판과 같은 필수아미노산이 많이 포함되어 있어 숙취 해소에 탁월하다.
- 황태는 한의학에서 성질이 따뜻하여 소화 기능이 약한 사람이나 손발이 찬 사람에게 좋은 식품으로 간장 해독 기능, 심혈 관계의 조절과 항산화 효과, 혈중 콜레스테롤 저하 등에도 도움이 된다.
- 황태는 오염과 공해가 심한 환경에서 생활하는 현대인들의 몸속에 축적된 독소를 제거하는데 효과가 뛰어나며 이뇨작용, 관절염과 같은 여러 이유로 생긴 통증을 가라앉히는 데 효능이 있다.

굴부추숙주찜

재료

생굴 300g, 숙주 200g, 통마늘 3개, 부추 60g, 레몬 ½개, 청주 2큰술, 굵은 소금 1큰술
레몬소스 레몬 ½개, 유자청 3큰술, 소금 약간

조리법

1 레몬 ½개는 짜서 즙을 만들어 유자청 3큰술, 약간의 소금을 섞어 레몬소스를 만든다.

2 레몬은 얇게 슬라이스하고, 통마늘도 저민다.

3 굴은 심심한 소금물에 헹구듯이 씻어 체에 건져 놓는다.

4 숙주는 씻어 체에 건져 놓고, 부추도 씻은 후 5cm 길이로 썬다.

5 굴에 청주 1큰술을 넣어 고루 섞은 후 김이 오른 찜기 바닥에 숙주를 깔고 그 위에 굴을 얹은 다음 슬라이스한 레몬과 저민 통마늘을 얹어 약 4~5분 정도 찐다.

6 굴이 익었을 무렵 부추를 넣고 뚜껑을 덮은 후 불을 끈 다음 30초 후에 뚜껑을 열어 접시에 옮겨 담고 소스를 곁들여 낸다.

아토피가이드

- 굴 100g 속에 100mg의 아연이 함유되어 있다. 1일 필요 표준 섭취량이 15mg이므로, 굴 몇 개면 하루 필요량을 충분히 보충할 수 있다.

- '바다의 우유'라고도 불리는 굴은 식품 중 아연 함량이 가장 높다. 또한, 단백질, 칼슘, 비타민 A·B_1·B_2와 타우린이 함유되어 있어서 콜레스테롤 수치를 내려 주고 혈압 정상화와 빈혈·당뇨 예방에 도움이 된다.

- 굴에 들어 있는 성분으로는 아연, 글리코겐, 비타민 A, 비타민 B, 칼슘, DHA, EPA 등이 있으며, 굴에는 다른 수산물보다 타우린 함량이 많다. 이 타우린은 유아의 두뇌 발달을 비롯해 뇌졸중, 동맥경화, 담석증, 간장병 등의 예방 효과가 있으며 혈중 콜레스테롤을 낮추는 데 도움을 준다.

- 피부 트러블에 녹두를 이용하거나 약으로 이용할 경우에는 반드시 껍데기를 함께 이용해야 하며, 녹두는 해독 능력뿐만 아니라 인체의 저항력을 높여주는 효능도 있다.

- 숙주나물은 염증 반응 효소의 활성을 저해하는 효능이 있다.

- 부추의 섭취는 지질과산화를 억제하고 항산화 효소계 활성을 증가시켜 산화적 스트레스를 감소시킨다.

- 부추는 비타민 A, 비타민 B, C가 풍부한 녹황색 채소로 카로틴, 칼슘, 철 등을 함유하고 있다.

05

배추소고기영양찜

재료

배춧잎 8장, 쇠고기(불고기용) 150g, 염장쌈다시마 6장, 단호박(소) 1½개,
새송이버섯 2개, 당근 ½개, 생표고버섯 5개

간장레몬소스 간장 5큰술, 레몬즙 4큰술, 쪽파 2뿌리, 레몬즙 2큰술

들깨소스 유기농 그릭요거트 3큰술, 들깻가루 3큰술, 생들기름 2큰술, 소금 약간

※ 우유 알레르기의 경우 요거트 대신 무첨가물 국산 두유로 대체 한다.

조리법

1 배추는 씻어 물기를 빼고, 염장쌈다시마는 물에 약 3분 정도 담궈 소금기
를 제거하고, 배추 길이만 하게 자른다.

2 단호박은 깨끗이 씻어 껍질째 반을 갈라 씨를 빼고, 납작하게 슬라이스한다.

3 새송이버섯과 표고버섯은 얄팍하게 썰고, 당근은 껍질을 벗겨 필러로 얇
게 슬라이스한다.

4 쇠고기는 불고기용으로 준비하여 페이퍼타올로 핏물을 제거한다.

5 배춧잎 위에 쇠고기를 펼쳐 올리고 그 위에 쌈다시마, 당근, 새송이버섯,
단호박, 표고버섯 순으로 겹겹이 올린다.

6 겹겹이 쌓은 배추 모듬은 4~5cm 길이로 썰어 찜기에 담고, 김이 오른 찜기에
약 10~15분 정도 찐다.

7 쪽파는 송송 썰고, 레몬 1개를 짜서 2큰술은 들깨소스에, 나머지는 간장
소스에 사용한다.

※ 제시한 분량대로 간장소스와 들깨소스를 준비하여 배추쇠고기모듬찜을 두 가지 맛으
로 즐긴다.

아토피가이드

- 동물성 식품 중에서는 붉은 살코기와 간, 굴, 새우, 게 등에 양질의 아연이 많이 들어 있다. 채식만 하게 되면 아연이 결핍되기 쉽다. 아연 결핍 시 성장 불량, 식욕 감퇴, 생식선 발달 저해, 생체막 산화적 손상, 면역 기능 저하, 상처 회복 지연 등이 유발될 수 있다.
- 아연은 피부 재생을 도와 건조와 주름을 방지하며, 신진대사에 빼놓을 수 없는 미네랄이다.
- 배추의 조리 방법에 따른 항산화 활성 및 생리활성 물질(루테인, 베타카로틴, 토코페롤)의 함량 변화에 있어 끓이는 조리법에서는 조리 시간 경과에 따라 생리활성 물질들의 손실이 많이 나타났으며, 찌는 방법은 손실률이 거의 없거나 시간이 경과할수록 생리활성 물질들이 다소 증가하는 것으로 나타났다.
- 미역이나 다시마의 30%를 차지하는 알긴산은 스펀지가 물을 흡수하듯 중금속과 환경호르몬 등을 배출시켜 준다.
- 유산균의 섭취가 유아 아토피피부염 증세를 호전시키는 등 새로운 알레르기 조절제로서의 효과에 대한 연구가 이루어지고 있다.

가리비관자마늘볶음과 시금치볶음

재료

키조개관자마늘볶음 관자 5개, 통마늘 3쪽, 올리브유 1큰술, 청주 1큰술, 영귤 1개 또는 레몬 ½개
시금치볶음 시금치 100g, 당근 ¼개(30g), 굴소스(국산 굴, 국산간장외) 1큰술, 올리브유 1큰술

조리법

1 마늘과 레몬은 납작하게 슬라이스하고, 당근은 곱게 채 썬다.

2 시금치는 뿌리를 칼로 긁고, 2~3 줄기째 가른 후 씻어 물기를 뺀다.

3 팬에 올리브유 1큰술을 두르고 당근을 볶다가 시금치와 굴소스 1큰술을 넣어 시금치의 숨이 죽을 정도로 살짝 볶아 접시에 옮겨 담는다.

4 팬에 올리브유 1큰술을 두르고 마늘을 볶다가 관자와 청주 1큰술을 넣고 팬 뚜껑을 덮어 약불로 줄인 후 관자를 익힌다.

5 관자가 타지 않도록 뚜껑을 열어 관자를 뒤집어 준 후 다시 뚜껑을 덮어 관자가 ⅔ 정도 익었을 때 레몬을 넣어 센 불에서 살짝 볶는다.

6 완성된 관자 볶음은 시금치 볶음 옆에 담는다.

• 아연은 굴·모시조개·대합·키조개와 같은 어패류와 현미, 달걀 등에 많다.

• 키조개는 다량의 단백질과 저칼로리 식품으로 필수아미노산과 철분 함량이 많아 빈혈, 동맥경화 예방에 좋으며, 다른 육류에 못지않게 영양이 좋은 식품으로 알려져 있다.

• 국립수산과학원에 따르면 키조개에는 아연 12.8mg, 칼슘 20.1mg, 철 1.2mg이 함유되어 있어 다른 어패류보다 미네랄이 5~20배 정도 높아 성장기 어린이의 발육 촉진과 성인의 스트레스 해소 등에 좋다.

• 시금치에는 비타민 종류가 골고루 많이 들어 있는데 특히 비타민 A와 C가 많다. 비타민은 약으로 공급하는 것보다는 식품으로 섭취하는 것이 건강에 유익하다.

• 시금치에는 칼슘과 철분, 요오드 등이 풍부해 우유 알레르기가 있어 칼슘 섭취가 부족한 알레르기가 있는 사람에게 더욱 좋은 식품이 될 수 있다.

수험생을 위한 평범하고 편안한 아침 밥상, '쇠고기버섯무조림'

11월을 맞이하는 이맘때가 되면 수능을 보는 가족이 없어도 온 나라는 긴장감으로 가득 차 있는 듯하다. 시험을 치르는 수험생들과 부모들은 시험이 끝나는 시간, 아니 발표하는 그날까지 초조함은 이루 말할 수 없을 것이다.

수험생을 둔 부모들은 아침 밥상에 뭐라도 먹이고 싶어 무엇을 준비할지 걱정이 많다. 기숙사가 있는 우리 학교의 수능 당일 아침 식단을 준비하는 내 마음이 그랬으니까 말이다.

입맛이 각각 다른 여러 아이들의 엄마 마음으로 준비하기에는 참 고민이 많았다. 식단을 썼다가 지웠다를 반복하며 밥상에 오른 반찬은 '쇠고기버섯무조림'이다. 그 반찬 앞에는 반드시 붙어야 할 수식어가 있다. '평범하고 편안한 아침 밥상'으로 밥상에 종종 올라와서 우리 아이들이 탈 없이 잘 먹었던 음식을 말한다.

수험생을 둔 엄마는 무언가 색다른 음식으로 아이의 입맛을 돋우고 싶겠지만, 아직 먹어 보지 않은 새로운 음식은 심리적으로도 부담스럽고 탈이 날 수도 있다. 그동안 먹었던 음식은 몸에 어떻게 반응했는지 알기 때문에 걱정을 덜 수 있다.

수험생의 긴장감을 달래주면서 속을 편안하게 해주고 거기에 영양까지 고루 갖춘 음식으로 준비하되 기름진 음식보다는 담백한 음식이 좋겠다. 수험생들 마음은 급하다. 따라서 꼭꼭 씹어야 하는 현미밥, 잡곡밥보다는 쌀밥이 낫다.

탄수화물 음식을 먹으면 아미노산의 일종인 트립토판이 분비되는데, 이는 긴장

을 완화하는데 도움을 주기 때문에 밥을 꼭 먹을 수 있도록 한다. 아침을 먹은 학생들이 수학이나 논리학처럼 집중력이 필요한 과목에서 실수가 적고 문제 처리 속도도 매우 빨랐다고 한다.

　여러 가지 반찬을 준비해도 많이 먹을 수 없기 때문에 가장 평범하고 무난하게 잘 먹는 쇠고기장조림에 무와 버섯을 넣어 소화력과 긴장감을 해소할 수 있도록 하였다.

　무는 두통 증상 완화에 좋은 대표적인 식품이다. 문제는 불안과 우울증이 심할 경우 암기력과 창의력, 판단력, 순발력과 같은 전반적인 뇌 기능도 떨어진다는 데 있다. 심리적으로 불안하면 몸이 긴장하면서 근육이 경직되고 또 경추가 틀어져 혈액순환에 문제가 생기면서 뇌의 압력이 높아지기 때문이다. 긴장감으로 소화가 잘 안 될 수 있어 무에 함유된 디아스타아제라는 소화효소가 소화를 돕는다.

　쇠고기에도 비타민 B군이 있어 불안감 해소에 도움이 된다. 쇠고기 같은 동물성 단백질에 함유돼 있는 비타민 B군 등의 영양소가 두뇌 활동에 직접적인 영향을 주기 때문인 것으로 보인다.

　뇌 기능을 향상시키는 영양소는 탄수화물, 단백질 이외에도 비타민과 미네랄 등이 있다. 따라서 새송이버섯에는 신경 안정 기능 이외에도 비타민 C, 비타민 B_6, B_{12}, Ca, Fe 등 무기질과 섬유질이 함유되어 있어 '쇠고기버섯무조림'은 수험생을 위한 조화로운 궁합 음식이다.

　청소년기 노력의 결실이 하루의 시험 성적으로 결정되는 엄중한 수학능력 평가일! 가장 중요한 것은 우리 아이들이 건강한 모습으로 우리 곁에 있다는 것을 잊지 말아야 할 것이다.

쇠고기버섯무조림

쇠고기 사태 200g, 무 200g, 새송이버섯 1개(100g), 통마늘 7개
고기삶기 물 3컵, 생강가루 2작은술, 양파 ¼개, 대파 ½대, 청주 3큰술, 통후추 10개
조림장 간장 40ml, 매실청 3큰술, 조청 1큰술, 청양고추 1개

조리법

1 쇠고기(사태)는 작은 덩어리로 썰어 20분 정도 찬물에 담가 핏물을 뺀다.

2 냄비에 제시한 고기삶기 재료를 분량대로 넣고 끓으면 사태를 넣어 센
  불에서 끓이다가 한 번 끓어오르면 거품을 걷어낸 다음 중불로 줄여
  고기가 무르도록 약 20분 정도 삶는다.

   ※ 쇠고기를 끓는 물에 삶아 고기의 육즙이 빠져나오지 않도록 한다. 처음부터 국물
     에 간장을 넣어 끓이면 고기가 질겨지고 고기의 간도 잘 배지 않는다. 고깃국물
     이 ⅓ 정도로 줄어들 때 간장을 넣어 약한 불로 졸이면 고기 맛이 연해진다.

3 고기를 삶는 동안 무와 새송이버섯은 1cm×1cm×4cm로 썰어 준비한다.

4 익은 고기는 건져내어 결대로 찢고, 썰을 경우에는 결 반대 방향으로
  썰어야 질기지 않다.

5 고기 삶을 때 넣었던 대파와 양파, 통후추는 건져내고, 제시한 조림장
  과 새송이버섯, 무, 쇠고기를 넣어 센 불에서 8~10분간 조린다.

6 약불로 줄인 후 통마늘을 넣어 졸이면서 뒤적여 주어 간이 고루 배도
  록 하고, 조림장이 자작해져 모든 재료에 간이 배면 불을 끈다.

   ※ 조림은 뒤적여 주어야 간이 잘 밴다. 조림 국물은 보통 처음보다 ⅓ 정도로 줄었을 때
     익은 정도나 맛이 적절하다.

아토피가이드

- 동물성 단백질에 알레르기가 있는 경우를 제외하고는 동물성 식품을 제거한 식사에 대한 합리적인 근거는 없다.
- 시금치, 피망, 당근 등의 녹황색 채소보다 무, 양배추 등의 담색 채소가 백혈구의 면역력을 높이는 기능이 강하다.
- 무는 소화불량, 진해거담, 해열, 소염작용 등이 있으며, 항염, 항산화 성분인 페놀 화합물, 플라보노이드 함량이 높다.
- 새송이버섯에는 폴리페놀과 베타글루칸 등과 같은 기능성 물질이 함유되어 있어 혈당 강하, 노화 억제, 항암, 과산화물
  생성 억제, 항산화 및 프리라디칼(활성산소) 소거능 등의 다양한 생리활성이 있다.

감태두부쌈과 김치무침 | 한 접시

재료

감태 2장, 두부 1모, 참기름 1큰술, 생들기름 1큰술, 소금 약간, 검정깨 약간

배추김치무침 김장배추김치 줄기 부분 8쪽(80g), 생들기름 1큰술

조리법

1. 두부는 페이퍼타올로 여러 장 겹쳐 감싼 다음 무거운 것(접시 등)으로 올려 약 10분 정도 물기를 빼고, 여분의 물기는 페이퍼타올로 다시 물기를 제거하여 1cm 두께로 썬다.

2. 김장김치는 속을 털어 꼭 짠 후 생들기름 2큰술을 넣어 무친다.

3. 감태를 석쇠에 구우면 탈 수 있으므로 프라이팬을 사용하여 앞뒤로 살짝 굽는다.

4. 구운 감태 위에 참기름 1큰술과 생들기름 1큰술 섞은 기름을 솔로 고루 펴 바른 후 소금을 살짝 뿌린다.

5. 기름 바른 감태는 두부를 감쌀 수 있는 크기로 썰어 두부를 감싸고, 그 위에 김치무침을 올려 먹거나 감태 위에 두부와 김치무침을 싸서 먹는다.

아토피가이드

- 감태로부터 분리된 플로로탄닌 화합물은 항산화, 항바이러스, 티로신 저해 활성 등 다양한 생리활성을 가지는 것으로 밝혀졌지만, 감태에는 카로티노이드, 푸코이단 등의 성분들이 존재하는 것으로 알려져 있다.

- 감태는 자유 라디칼 소거 활성이 있으며, 알파-토코페롤보다 우수한 세포 보호 효과를 나타내며, 항산화, 항균, 항염증, 항고혈압, 항당뇨, 항돌연변이 및 항암작용 등의 다양한 효능을 보인다.

- 감태에 생들기름을 바른 후 열을 가하면 불포화 지방산이 포화지방산으로 바뀌게 되어 생들기름에 풍부한 오메가-3의 효능이 떨어지기 때문에 감태를 구운 후 생들기름을 바르는 것이 좋다.

- 두부의 단백질은 풍부한 라이신이 함유되어 있어 다른 곡류에 많이 결핍되어 있는 필수아미노산이 골고루 들어 있기 때문에 필수아미노산이 결핍된 식품과 혼합하여 사용하면 영양가 면에서 효율적이다.

- 김치는 열량이 낮고 비타민과 무기질의 함량이 높으며, 다양한 생리활성 물질이 많이 함유되어 있어 항산화, 면역 증강, 고혈압 예방, 항균 효과, 항암 효과와 비만 및 변비 예방의 효과가 있다.

무말랭이멸치무침

재료

무말랭이 100g, 국멸치(주바) 40g, 쪽파 4뿌리

양념 고춧가루 5큰술, 멸치액젓 4큰술, 간장 2큰술, 다진 마늘 1큰술, 쌀엿 6큰술, 배 ⅓(150g),
무 100g, 매실청 3큰술, 소금 약간, 참기름 1큰술, 참깨 1큰술

무말랭이김밥 밥 2공기, 구운 김밥김 3장, 생들기름 1큰술, 참기름 1큰술, 검정깨 1큰술, 깻잎 6~9장 소금 1작은술

조리법

1 무는 무말랭이의 자연스런 무맛이 한층 살아나고, 배는 단맛과 촉
촉한 느낌을 살려주므로 배와 무의 껍질을 벗겨 갈아서 양념장에
사용한다.

2 양념장 양이 많아야 무말랭이에 양념장이 흡수되어 맛과 색, 꼬들
한 식감이 유지되므로 제시한 분량의 양념장을 만들어 ①과 섞고,
부족 한 간은 소금으로 맞춘다.

3 멸치는 머리와 내장을 발라내 다듬고, 쪽파는 3~4cm 길이로 썬다.
※ 무말랭이 무침에는 잔멸치나 지리멸치보다는 국멸치(주바)가 무말랭이와 한
결 잘 어우러진다.

4 무말랭이는 물에 오래 불리지 않고 끓는 물에 약 20초 정도 담갔다
꺼낸 후 찬물에 헹구어 꼭 짜면 무말랭이의 맛있는 맛이 빠져나가
지 않으면서 먹는 내내 꼬들한 식감이 유지된다.

5 무말랭이는 양념장으로 무친 후 멸치와 쪽파, 참기름, 참깨를 넣어
다시 무쳐 양념이 무말랭이에 잘 배도록 약 40~50분 정도 그대로 둔
다음 먹는다.

6 **무말랭이김밥** 고춧가루로 무친 무말랭이무침이 밥에 물들지 않도록
깻잎을 2~3장 깔고 무말랭이멸치무침을 올려 돌돌 만다.

아토피가이드

- 무말랭이는 건조에 의해 무에 함유된 칼슘, 인, 당 및 유리아미노산 함량이 더욱 높아지고, 항산화 등 생리활성도 증가한다.
- 무말랭이의 칼슘 함량은 생무에 비해 15배 이상 많고, 햇볕에 말릴 경우 칼슘의 흡수를 도와주는 비타민 D도 증가한다. 또 단
백질과 비타민 C도 생무보다 더 많다.
- 멸치는 단백질, 철분, 비타민 및 칼슘뿐 아니라 나이아신, 핵산 및 고도불포화지방산 등을 다량 함유하고 있다.
- 알레르기와 아토피는 장내 점막 면역 형성이 중요하다. 식이 칼슘은 2차 담즙산과 같은 장내 세포 독성 물질에 대한 방어 효
과를 가지므로 장내 환경 개선 효과를 나타낼 수 있다.
- 오메가-3 섭취량이 높고 오염도가 낮은 품목으로는 멸치, 고등어, 임연수어, 갈치, 도루묵 등이다.
- 오메가-3 지방산의 섭취가 아토피피부염 위험을 낮추는 관련성이 확인되었다.

톳만가닥버섯된장무침

재료

톳 150g, 만가닥버섯 150g

된장양념장 된장 2큰술, 고추장 1큰술, 다진 마늘 ½큰술, 매실청 2큰술, 생들기름 1큰술, 참기름
1큰술, 참깨 ½큰술

조리법

1 톳은 끓는 물에 데쳐낸 후 찬물에 행구어 물기를 빼고, 먹기 좋게 썬다.
　※ 끓는 물에 데치면 톳의 검은빛이 초록빛으로 변한다.

2 만가닥버섯은 밑동을 자르고 송이를 살려 가닥가닥 떼어 준 후 끓는
　물에 살짝 데쳐 찬물에 헹구어 물기를 뺀다.

3 제시한 분량대로 양념장을 만들어 톳과 만가닥버섯을 섞어 양념장
　으로 무친 후 참깨 ½큰술을 넣어 접시에 담는다.

아토피가이드

- 느티만가닥버섯은 저지방 고단백질 함유 버섯으로 특히 단백질을 구성하는 아미노산 중에서 정미성 특성을 갖는 글루탐
산을 많이 함유하고 있다.
- 느티만가닥버섯의 생리활성으로 항진균 활성과 항종양 효과, 항암 활성 등이 있으며, 항종양성 베타글루칸과 단백질을
손상시켜 노화나 암의 유발 원인이 되는 페록실과 알콕실 라디칼에 대한 봉쇄 효과와 항산화 활성 등이 알려져 있다.
- 산화적 손상이 아토피피부염의 병태 생리에 중요한 역할을 하며, 항산화 물질의 투여가 아토피피부염을 호전시킬 수 있다.
- 발효식품에 함유된 각종 단백질이나 펩타이드 등은 항암, 혈압 강하, 콜레스테롤 저하, 면역 증강, 항균작용, 비피더스 생
육 촉진 등의 광범위한 생리활성을 나타낸다.

쪽파감태무침

재료

쪽파 200g, 마른 감태 4장, 굵은 소금 1큰술, 다진 마늘 ⅓큰술, 참기름 1큰술, 생들기름 2큰술, 깨소금 1큰술, 소금 1작은술

※ 잣(고명용), 연근칩(필요시)

조리법

1 쪽파는 다듬어 씻은 후 끓는 물에 굵은 소금 1큰술을 넣고 뿌리 쪽부터 넣어 데친다.

2 데친 쪽파는 찬물에 헹구어 물기를 꼭 짠 후 4cm 길이로 썬다.

3 감태는 프라이팬에 앞장과 뒷장을 타지 않도록 살짝 구워 비닐봉지에 넣어 곱게 부순다.

4 쪽파는 다진 마늘 ⅓큰술, 참기름 1큰술, 생들기름 2큰술, 깨소금 1큰술, 소금 1작은술을 넣어 무친 후 부순 감태를 넣어 섞어 주듯이 버무린다.

※ 완성된 쪽파감태무침을 연근칩 위에 올린 후 고명으로 잣을 올려 접시에 담으면 멋스럽고 색다른 쪽파무침이 된다.

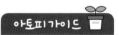

- 식품 알레르기는 IgE에 의해 매개되며, 실제로 대표적인 알레르기성 질환인 비염, 천식, 아토피피부염 등을 앓고 있는 환자들은 특정 항원에 대한 높은 혈청 IgE 분비량을 나타낸다.

- 알레르기 반응에 직접적으로 작용하는 IgE의 분비를 억제하는 것이 알레르기의 예방과 치료에 유용하다.

- 면역 조절제로 떠오르고 있는 해조 다당류들 중 알긴산, 카라기난, 푸코이단 등과 같은 다당류의 알레르기 억제 효과가 있다.

- 감태의 플로로탄닌류들이 항염증, 항산화, 항바이러스, 항비만 및 티로시나제 저해 활성 등의 다양한 생리활성을 가지는 것으로 밝혀졌다.

- 감태는 IgE 분비량의 유의적인 감소 효과를 통해 식품 알레르기 반응을 효과적으로 억제할 수 있다.

- 파의 매운 향을 내는 황화아릴 성분은 소화를 돕고 장을 튼튼하게 하는 강장작용, 항산화작용, 항혈액응고, 항콜레스테롤, 항염증 효과, 신경보호 효과, 항균작용 및 혈당 강하작용 등이 있다.

12

파래무배무침 | 한 접시

재료

물파래 200g, 무 150g, 배 ⅓쪽, 홍고추 1개, 유자청 1큰술, 굵은 소금 1큰술

양념장 국간장 ½큰술, 액젓 ½큰술, 식초 3큰술, 매실청 2큰술, 다진 마늘 ½큰술, 쪽파 2뿌리, 깨소금 1큰술

조리법

1 무는 약 0.3cm 두께로 가늘게 채 썰어 유자청 1큰술과 굵은 소금 1큰술을 넣어 약 10분 정도 절인다.

2 제시된 분량대로 양념장을 만든다.

3 파래는 굵은 소금으로 바락바락 문질러 씻은 후 3번 정도 헹구어 물기를 꼭 짠 다음 2번 정도 적당히 썬다.

4 배는 무와 같은 크기로 채 썰고, 쪽파는 4cm 길이로 썰고 굵은 뿌리는 2~3번 가른다.

5 홍고추는 씨를 빼고 4cm 길이로 곱게 채 썬다.

6 엉켜 있는 파래는 잘 풀어주고, 유자청으로 절인 무와 파래에 양념장으로 무친 다음 배와 홍고추, 쪽파를 섞는다.

아토피가이드

- 무는 소화 촉진과 어패류 또는 면류의 중독 해소에 효과가 있고, 기담, 혈담, 천식, 늑간 신경통 등에 사용하였다고 한다.
- 무의 기능성 성분으로 글루코시놀레이트, 설포라판, 과산화효소 및 L-트립토판 등이 알려져 있으며, 이들의 산화방지 효과, 항균 효과, 항암 효과 및 항염증 효과는 잘 알려져 있다.
- 무에는 섬유질이 많아 장의 연동운동을 촉진하고, 장에 이로운 세균의 번식을 도와주며 장내 노폐물을 청소해 주고, 니코틴 독을 없애주는 작용도 한다. 독소가 밖으로 배출되지 못하고 피부 밑에 쌓이면 열독으로 변해 아토피로 나타난다.
- 파래를 비롯한 미역, 다시마 등의 해조류는 육상생물에 비하여 비타민 및 무기질 성분의 함량이 높고, 그중에서 마그네슘, 칼슘, 요오드, 철 및 아연의 필수 미량원소가 함유되어 있다.
- 파래의 비타민은 수용성 및 지용성 비타민과 관계없이 다량 함유되어 있으며, 또한, 해조류의 다당류는 그 특성이 독특하여 생리활성이 강한 물질로 알려져 있다.

똘똘(tall tall)해지는 따끈한 보양식
'굴버섯부추탕'

  여느 계절하고 다르게 겨울은 한 해를 보내는 아쉬움과 희망찬 새해를 맞이하는 설렘을 동시에 느낄 수 있는 계절이기에 더 매력적이고 아름다운 계절인 듯하다. 아쉬움은 그리움으로 기억되고, 설렘은 멋진 꿈을 꿀 수 있다는 기대감으로 가슴이 뛰는 계절!

  특히 1월은 '새해' 그리고 '출발'이라는 시작을 의미하기에 추위도 거뜬히 이겨 낼 수 있는 힘이 샘솟는 듯하다.

  그래서 추운 겨울에는 온몸을 따뜻하게 감싸 주고, 신년 계획을 실천하는 데 힘을 줄 수 있는 겨울 보양식이 필요할 것 같다. 만들기도 복잡하고 비싸고 귀한 재료로 만드는 보양식은 자주 먹을 수 없기 때문에 우리에게는 친근한 보양식이 제격이다.

  찬바람으로 몸이 움츠러드는 요즘 제철 음식으로 굴만한 것이 없다. 겨울에는 뭐니 뭐니 해도 따끈한 국물이 생각난다. 그래서 우리 집 삼시 세끼 아무 때나 밥상에 자주 오르는 겨울 보양식은 '굴버섯부추탕'이다. '굴버섯부추탕' 한 그릇을 먹고 나면 온몸이 따뜻해지면서 몸과 마음이 한층 건강해진 듯한 느낌이다.

  굴은 단백질 중에서도 필수아미노산과 칼슘이 풍부해 '바다의 우유'라고 불리며, 바위에 붙어 있는 꽃이란 의미에서 '석화'(石花)라고도 불린다.

칼슘, 아연, 셀레늄, 아미노산 등 성장에 필요한 성분을 다량 함유하고 있어 아이의 두뇌 발달 및 성장 발육에 도움을 주고, 우유보다 무려 200배나 많은 요오드 성분이 들어 있다.

　성장기 아이들한테 아연이 부족하게 되면 키도 자라지 않고 면역력도 약해진다. 굴에 함유된 아연은 달걀보다 30배나 많이 들어 있으며, 헤모글로빈 합성을 도와 빈혈을 예방하고 성장 촉진, 노화 방지, 피부미용, 골다공증 예방 효과까지 있어 남녀노소 모두에게 좋다.

　굴은 글리코겐 함유량이 최고치에 달하는 겨울에 먹는 것이 가장 좋다. 봄에서 여름까지는 산란기여서 독성이 많고, 가을에서 겨울까지가 가장 맛이 좋다.

　굴은 성질이 찬 음식이므로 겨울철 탈이 나지 않게 하려면 따뜻한 성질의 부추와 함께 먹으면 도움이 된다.

　싱싱한 굴은 살이 통통하고 광택이 나며 유백색 가장자리에 검은 테가 또렷하게 난 것이 좋다. 이와 달리 신선하지 않은 굴은 살이 퍼지고 희끄무레해 보인다.

　새해 소망 중 가족이 건강하기를 바라는 우리들의 소박한 염원을 담은 '굴버섯부추탕'은 아빠에게는 속풀이 해장국으로, 병아리 같이 귀여운 우리 아이들에게는 건강하고 똘똘(tall tall)하게 하는 겨울 보양식으로 추천하고 싶다.

13

굴버섯부추탕 | 4인분

재료

생굴 400g, 무 200~250g, 팽이버섯 100g, 다시마(10×10cm) 1장, 물 6컵,
다진 마늘 1큰술, 생강가루 1작은술, 부추 30g, 홍고추 1개, 소금 적당량

조리법

1 무는 나박나박 썰고, 팽이버섯은 밑동을 잘라 3등분하며, 부추는 씻
어 4cm 길이로 썬다.

2 냄비에 생수 6컵, 다시마 한 쪽과 무를 넣어 약 5분 정도 끓이다가 다
시마는 건져내고 약불로 줄여 무가 익을 때까지 끓인다.

3 건져낸 다시마는 곱게 채를 썰고, 굴은 심심한 소금물에 헹구듯이 씻
어 체에 건져 놓는다.

4 무가 익으면 센 불로 조절하여 굴을 넣고 한소끔 끓인 후 마늘, 생강가
루를 넣는다.

5 소금으로 간을 맞춘 뒤 부추와 팽이버섯을 넣고 불을 끈다.

  ※ 굴에서 짠맛이 나므로 굴을 한소끔 끓인 후 맛을 본 다음 소금으로 간을 하도록
  한다.

• 굴은 다량의 타우린과 글리코겐을 함유하고 있어 심장 및 간장의 기능 강화, 콜레스테롤 감소에 의한 고혈압과 동맥경화
  예방 효과가 있으며, 셀레늄을 다량 함유하고 있어 중금속 해독 기능을 갖는다.
• 굴은 다량의 아연을 함유하고 있으며, 아연은 체내에 주요한 대사 과정이나 반응을 조절하는 데 관여한다. 또한, DNA나
  RNA와 같은 핵산의 합성에 관여하고 단백질의 대사와 합성을 조절한다.
• 아연은 상처 회복을 돕고 성장이나 면역 기능을 원활히 하는 데 필요하다.
• 아연 결핍 시 T세포의 전체의 분화가 지연되어 T−helpercell의 발달이 지연되며, 흉선 기능의 손상, 항체의 감소 등으로
  전반적인 면역 능력이 감소된다. 또한, 빈혈, 식욕부진, 성장장애, 성적 성숙의 지연, 이미증, 상처 회복의 지연, 피부염
  등의 증상이 유발될 수 있다.
• 부추는 한방에서는 맛이 맵고 성질이 따뜻하여 소화관과 혈액순환에 좋으며, 민간요법으로 소염, 해독작용 및 지혈작용
  이 있다고 알려져 약재로도 많이 사용돼 왔다.
• 부추는 특히, 건조 중량당 35%의 식이섬유를 함유하고 있어 부족하기 쉬운 식이섬유를 쉽게 공급할 수 있는 급원이 될
  수 있다.

시금치콩나물버섯된장국 | 4인분

시금치(남해초) 200g, 콩나물 100g, 생표고버섯 2개, 된장 3큰술, 신 김칫국물 1국자,
다진 마늘 ½큰술, 대파 ⅓대, 멸치다시다 육수 1.2리터, 청국장가루 1큰술

조리법

1 노지 시금치는 뿌리 쪽을 칼로 긁어 흙을 털어내고, 뿌리를 중심으
로 2~3쪽으로 가른다.

2 시금치는 흙이 나오지 않도록 깨끗이 씻어 물기를 빼고, 콩나물도
씻어 물기를 뺀다.

3 생표고버섯은 얇게 슬라이스하고, 대파는 어슷하게 썰고, 홍고추는
동글동글하게 썬다.

4 멸치다시다 육수에 거름망을 이용하여 된장을 풀고 김칫국물 1국자
를 넣은 후 콩나물과 표고버섯, 다진 마늘을 먼저 넣고 약 5분 정도
끓이다가 시금치와 대파를 넣어 한소끔 끓으면 불을 끈다.

5 불을 끈 상태에서 청국장 분말 1큰술을 넣어 섞어 준다.

아토피가이드

- 시금치에는 수산이 함유되어 결석의 위험이 있으며, 결석이 가장 잘 형성되는 것은 칼슘과 수산의 비율이 1:2이었을 때로
알려져 있다. 결석 생성을 방지하기 위해서 칼슘을 조금 더 섭취해 주면 수산이 몸 밖으로 배출된다.
- 이소플라본이 풍부한 콩나물은 지질과산화물 생성을 억제하고, 항산화 영양소 수준을 높인다.
- 콩나물은 여러 염증 효소를 복합적으로 억제함으로써 항염 효능을 보인다.
- 된장국은 피부에 자극을 주지 않으면서 몸의 열을 내리는 데 도움을 준다.
- 된장국에 다양한 재료를 충분히 넣어 주어야 결핍되기 쉬운 영양소를 보충할 수 있으며, 한 그릇에 담는 된장국 재료의 양
은 약 70%로 하여 염분을 줄이도록 한다.

15
—
색과 맛을 입힌
알록달록동치미

재료

과일동치미 동치미 국물 3대접, 사과 ¼개, 배 ¼개, 컬러 방울토마토(빨강, 노랑, 주황) 각 2~3개씩,
레디시 1개

채소동치미 동치미 국물 1대접, 미니 파프리카(노랑, 빨강, 주황) 각 1개씩, 비트 ⅛개(30g)

알록달록동치미국수 쌀국수(국산 쌀로만 만든 것), 과일과 채소 섞은 것

※ 동치미에 과일을 넣어 담그면 숙성되는 동안 과일 맛이 우러나와 풍미있는 동치미가 되지만
과일은 먹지 못하게 된다. 겨우내 먹는 동치미가 지겹다고 느껴질 때 집에 있는 제철 과일이나
파프리카를 썰어 넣으면 동치미가 색다른 음식으로 재탄생되어 신선한 맛과 영양을 더한
동치미를 즐길 수 있다.

조리법

1 동치미 국물에 비트를 납작하게 썰어 넣어 색이 우러나오도록 한다.

2 준비한 과일을 납작하게 썰거나 모양을 내어 썬다.

3 미니 파프리카는 색깔별로 준비하여 동글동글하게 썬다.

4 레디시도 모양대로 슬라이스한다.

5 쌀국수를 준비하여 제품 설명에 표기되어 있는 삶는 방법에 따라 삶
는다. ※ 쌀국수 제품마다 삶는 방법이 다르다.

6 준비한 동치미 국물에 각각 썰어 놓은 과일과 채소를 따로 담고, 과일
과 채소를 섞은 것에는 쌀국수를 넣어 색다른 동치미국수를 즐긴다.

아토피가이드

- 동치미 국물에는 발효 시 생성되는 유기산, 젖산, 이산화탄소 등이 많이 함유되어져 있다.
- 동치미의 재료로 이용되는 파, 고추, 마늘, 생강에 의해 녹말 분해 효소가 생산되는데 이는 녹말을 덱스트린, 맥아당, 포
  도당으로 분해하여 동치미 국물이 소화의 기능을 가진 것으로 알려져 있다.
- 파프리카는 카로티노이드, 비타민 C, 비타민 E, 플라보노이드도 풍부하게 함유되어 있다.
- 원적외선 파프리카 분말보다 생파프리카의 경우 지질산화 억제 효과가 더 우수하다.
- 토마토와 오렌지, 당근 등에 풍부하게 함유되어 있는 베타카로틴은 활성산소를 제거하는 항산화작용을 한다.
- 토마토가 영양 면에서 우수한 것은 토마토의 붉은색 속에 함유되어 있는 리코펜이라는 성분 때문이다. 리코펜은 노화의
  원인인 활성산소를 억제하는 작용을 하며 동맥의 노화 진행을 늦춰 주는 효능이 있다.
- 비트 등 적자색 식재료에 많은 안토시아닌은 페놀성 화합물에 속하며, 수용성 플라보노이드계 색소로서 항암, 항산화, 항
  바이러스, 면역 증강 등 다양한 생리활성 효과가 있는 것으로 알려져 있다.

접시 위의 크리스마스트리
버섯눈꽃송이 연어샐러드

12월이 되면 곳곳에서 크리스마스트리 장식을 볼 수 있다.

각 가정에서도 잘 보관해두었던 크리스마스트리 장식을 꺼내어 아이들과 함께 꾸며 놓으면 크리스마스트리 하나만으로도 집안은 어느새 크리스마스 파티를 해야 할 것만 같은 분위기로 바뀐다.

아마도 12월은 연말 모임이 더해져 외식이 가장 잦은 달일 것이다. 따라서 우리 가족들이 식탁에 모이는 시간이 그만큼 적은 달인 셈이다.

이번 크리스마스에는 사람들이 북적이는 다소 혼잡하고 예약하기도 힘든 음식점 보다는 특별한 날이니만큼 크리스마스 분위기를 한층 더 돋보이게 하는 전문 음식점 부럽지 않은 특별식을 준비하여 온가족이 더 따뜻한 성탄절을 보내는 것도 좋을 듯하다.

일상식으로 차려진 식탁에 촛불과 연어샐러드만 있어도 크리스마스 메인 요리로 손색이 없는 맛으로 엄마들은 가족들이 인정해주는 스타 쉐프가 될 수 있다.

겨울이 되면 피부 건조로 고생하는 사람이 많은데 특히 연어는 건선이 있는 사람에게 도움이 되는 식품이다. 건선이 있는 사람은 오메가 3 오일이 부족한데 임상 연구에서 연어에 풍부한 EPA(에오코사펜타에노산)와 DHA(도코사헥사에노산)가 풍부한 어유를 섭취하면 건선 치료에 효과가 있으며, 캡슐제로 섭취하는 것보다 직접 섭취할 때 효과가 높아진다는 연구결과가 있다. 또한 연어에는 심장,

뼈, 뇌의 건강을 지키는 역할을 하는 비타민 D의 하루 필요량을 채워주고 여드름 피부를 개선하는 효과에 도움을 준다.

보통 샐러드에는 훈제 연어를 많이 사용하는데 시중에 유통되는 많은 훈제 연어에는 발암물질인 아질산나트륨이 들어 있기 때문에 훈제 연어를 구입할 때는 첨가물이 들어가지 않은 제품을 선택하도록 한다.

연어 샐러드의 색감을 살려주는 파프리카에는 비타민 A, B$_1$, B$_2$, C, 등이 고르게 들어 있어 면역력 향상에 도움을 주며 비타민 C 함량이 월등히 뛰어나고 베타카로틴은 피망에 비하여 20배나 많이 들어있으니 '연어샐러드'는 겨울에 부족하기 쉬운 비타민을 보충해주고 면역력을 바로잡아 줄 수 있는 건강 샐러드인 것이다.

브로콜리 나무 사이로 버섯 눈이 내리고, 색색의 파프리카와 붉은 토마토는 크리스마스 트리의 반짝반짝 빛나는 불빛 장식 같다. 엄마의 정성이 듬뿍 담긴 연어샐러드는 마치 접시 위의 또 하나의 크리스마스트리를 연상케 하는 색감과 맛으로 기쁜 성탄절을 더 즐겁게 해주니 '행복을 부르는 연어샐러드'인 것이다.

16
버섯눈꽃송이 연어샐러드

재료

훈제연어(첨가물 無제품) 300g(1팩), 만가닥버섯 100g, 적색, 노랑파프리카 각각 ½개씩,
베이비채소 30g, 브로콜리 50g, 방울토마토 5~7알

올리브유소스 올리브유 4큰술, 매실청 3큰술, 영귤과즙 또는 식초 3큰술, 다진양파 4큰술,
꿀 2큰술

조리법

1 올리브유소스는 제시된 분량대로 만든다.

2 베이비 채소는 씻어 물기를 빼고, 브로콜리는 한입 크기로 썰어 끓는 물에 살짝 데 쳐 찬물에 헹구어 물기를 뺀다.

3 적색, 노랑색 파프리카는 동그란 모양대로 썰어 접시 가장자리에 놓고, 접시 가운 데에 베이비채소를 담는다.

4 만가닥 버섯은 밑둥을 잘라내고, 기름을 두르지 않은 팬에 살짝 구워준다.

5 훈제연어 위에 브로콜리와, 만가닥버섯을 각각 올리고 돌돌 말아 베이비채소가 담 긴 접시 위에 얹는다.

6 연어를 말고 남은 브로콜리와 만가닥버섯은 연어말이가 담긴 접시에 올린다.

7 방울토마토는 2등분하여 샐러드 접시에 담은 후 올리브유소스를 샐러드 위에 뿌 린다.

아토피가이드

- 연어는 오메가3 지방산이 풍부하여 심혈관계질환 예방에 좋으며, 비타민 D는 칼슘 흡수를 도와 골다공증 예방에도 도움을 준다.
- 오메가-3 지방산은 혈액의 응고를 막고 혈압을 낮추어 주며, 면역 체계나 염증 반응을 감소시키는 EPA를 더욱 많이 생성하도록 유도한다.
- 연어의 비타민 A는 깻잎이나 파프리카처럼 베타카로틴이 풍부한 식품과 함께 먹으면 베타카로틴의 흡수율을 높이고, 보습 효과가 있어 꾸준히 섭취하면 피부가 촉촉해지는 효과가 있다.
- 버섯에 함유된 베타 글루칸은 면역시스템을 향상시켜 암세포를 막아주고 아토피성 피부염, 천식, 화분증 및 류마티스 등과 같은 과잉 면역 반응을 면역 억제 기능에 의해 정상 유지하는 작용도 한다.

엄마는 부엌의 요술쟁이
'파래두부오븐구이'

초등학교 시절 '요술공주 밍키'라는 TV 만화에 나오는 참으로 신기한 '요술봉'을 가끔 떠올린다. 밍키는 어려움에 처한 사람들을 도와주기 위하여 요술봉을 이용하여 여러 가지 직업의 아가씨로 변신하여 사람들의 꿈을 되찾아 주는 역할로 등장한다.

유년 시절 문방구에 팔던 요술봉 대신 효자손으로 동네 친구들과 마치 밍키가 된 것처럼 요술봉을 하늘 높이 번쩍 치켜들어 올려 빙글빙글 돌면서 놀던 시절이 생각난다.

그 요술봉보다 더 진귀한 요술봉을 가진 우리네 엄마들!

엄마의 요술봉은 주방에서 더욱 빛을 발한다. 부엌에서 고구마를 가지고 뚝딱 뚝딱 소리가 나더니 달콤한 고구마맛탕이 식탁 위에 놓여져 있는 것이다. 마치 밍키가 요술봉으로 요리사로 변신하여 고구마맛탕을 만들어 놓은 듯 말이다.

요즘 아이들이 그렇듯 나도 어렸을 때는 양파를 무척 싫어했었다. 엄마는 부엌에서 어느새 양파로 바삭바삭한 튀김(어렸을 때는 '덴뿌라'라고 했다)을 만들어 주셨다. 엄마는 밍키의 요술봉을 가지고 계셨던 걸까?

바다 향 가득한 진초록 파래가 제철인 이때 무와 함께 새콤달콤하게 무쳐 밥상에 올리면 아이들은 눈길조차 주지 않는다. 이렇듯 대부분 아이들은 파래를 좋아하지 않는다. 그러나 파래에는 아이들에게 필요한 영양소가 가득하니 엄마의 요

술봉으로 파래를 맛있게 변신시켜 보아야겠다.

파래의 변신을 도와줄 두부와 엄마표 데리야끼소스만 있으면 엄마는 바로 요술쟁이가 된다.

파래를 비롯한 미역, 다시마 등의 해조류는 육상생물에 비하여 비타민 및 무기질 성분의 함량이 높고, 그중에서 마그네슘, 칼슘, 요오드, 철 및 아연의 필수 미량원소가 함유되어 있어 성장기 어린이부터 노인까지 우수한 식품으로 손꼽힌다. 또한, 해조류의 다당류는 생리 활성이 강한 물질로 알려져 있어 항암 효과, 면역력 증진, 성장 촉진, 시력 보호 등 그 기능도 다양하고 뛰어나다.

두부는 파래에 부족한 단백질을 보충해 주고 부드러운 식감과 파래의 초록빛 신선함을 더욱 선명하게 해준다. 두부 중 피틴산은 항산화 및 해독작용을 하는 것으로 알려져 있다. 또한, 두부 속의 이소플라빈이라는 화합물이 암세포의 성장을 늦추는 것으로 실험을 통해 확인되었다.

밀가루 대신 쌀가루를 사용하여 알레르기와 글루텐 불내증이 있는 사람도 먹을 수 있다.

요술봉이 없어도 두부파래오븐구이로 아이들의 입맛과 영양을 사로잡았으니 우리 엄마들은 부엌의 요술쟁이임이 틀림없다.

파래두부오븐구이

재료

물파래 100g, 두부 1모, 쌀가루 3큰술, 생들기름 1큰술, 갈릭솔트 약간

데리야키 소스 간장 4큰술, 매실청 4큰술, 청주 1큰술, 다진 마늘 ½큰술, 쌀엿 1큰술, 생강가루 ½작은술

조리법

1 두부 1모는 베 보자기에 꼭 짜서 볼에 담아 놓는다.

2 물파래는 굵은 소금 1큰술을 넣고 바락바락 주물러 물로 3~4번 살살 흔들어가며 씻어 체로 건져 물기를 꼭 짠 후 잘게 썬다.

3 두부가 담긴 볼에 파래와 생들기름 1큰술, 들깻가루 1큰술, 갈릭솔트 약간을 넣고 치댄 후 동글납작하게 빚는다.

4 오븐팬에 미강유를 바른 다음 동글납작하게 빚은 반죽을 올리고, 반죽 위에도 미강유를 발라 예열된 오븐이나 그릴에 노릇노릇하게 구워 준다. ※ 프라이팬, 에어프라이어 등을 이용해 구워도 된다.

5 제시된 분량의 데리야키소스가 ½로 줄어들 때까지 끓인다.

　※ 파래두부구이는 아침 식사 대용으로 먹어도 손색이 없으며, 반찬으로 먹을 때는 데리야키소스를 곁들인다.

6 파래두부구이는 접시에 담고, 그 위에 데리야키소스를 뿌린다.

　※ 모닝빵이나 햄버거빵에 파래두부구이를 패티로 사용하여 각종 채소를 함께 곁들여 만든 파래두부버거는 아이들 간식으로 좋다.

아토피가이드

- 단백질은 음기를 보충해 주는 식품이므로 아토피성 피부염을 앓고 있는 아이들에게 반드시 필요하지만 동물성 단백질을 소화시키기 어렵거나 식물성 단백질인 콩에 알레르기가 있다면 콩을 가공한 두부를 먹이도록 한다.
- 파래를 비롯한 미역, 다시마 등의 해조류는 육상생물에 비하여 비타민 및 무기질 성분의 함량이 높고, 그중에서 마그네슘, 칼슘, 요오드, 철 및 아연의 필수 미량원소가 함유되어 있다.
- 파래의 비타민은 수용성 및 지용성 비타민과 관계없이 다량 함유되어 있으며, 또한, 해조류의 다당류는 그 특성이 독특하여 생리활성이 강한 물질로 알려져 있다.
- 호두의 비타민 E 총함량 중 감마−토코페롤의 비율이 가장 높다. 지방산의 경우 불포화지방산인 리놀렌산 함량이 전체의 60% 이상을 차지하였고, 총페놀은 27mg/100g 함유되어 있었다. 호두기름 농도 0.5%에서 조추출물인 상태에서 상당한 알레르기 저해 효과가 있었다.

현미가래떡호두감태말이

재료

현미가래떡 250g, 호두 8알

감태구이 감태 2장, 참기름 1큰술, 생들기름 1큰술, 소금 약간

※ 호두알레르기는 반드시 호두를 빼고 만든다.

조리법

1 현미가래떡은 김이 오른 찜기에 약 3~5분 정도 찐 후 찬물을 한 번 묻혀 주어 서로 달라붙지 않게 한다.

2 감태를 석쇠에 구우면 탈 수 있으므로 프라이팬을 사용하여 앞뒤로 살짝 굽는다.

3 구운 감태 위에 참기름 1큰술과 생들기름 1큰술 섞은 기름을 솔로 고루 펴 바른 후 소금은 간이 될 정도만 골고루 뿌린다.

4 감태는 가래떡 길이에 맞는 크기로 자른다.

5 말랑말랑한 현미가래떡은 길쭉하게 반으로 잘라 떡 위에 호두를 올리고, 남은 반쪽 떡으로 호두 올린 떡을 덮은 후 감태 위에 올려 김밥 말듯이 돌돌 말아 썬다.

※ 조청이나 꿀을 따로 찍어 먹어도 되고, 떡 위에 조청을 발라 호두를 얹어 만들어도 좋으며, 아무것도 바르지 않고 그냥 먹어도 맛있다.

아토피가이드

• 현미에는 항암, 항산화, 혈압 강하, 콜레스테롤 저하 등의 효과를 발휘하는 폴리페놀, 감마오리자놀, 가바, 옥타코사놀 등의 다양한 생리활성 물질이 함유되어 있다.

• 식품 알레르기는 IgE에 의해 매개되며, 실제로 대표적인 알레르기성 질환인 비염, 천식, 아토피피부염 등을 앓고 있는 환자들은 특정 항원에 대한 높은 혈청 IgE 분비량을 나타낸다.

• 알레르기 반응에 직접적으로 작용하는 IgE의 분비를 억제하는 것이 알레르기의 예방과 치료에 유용하다.

• 최근 많은 연구에서 감태 추출물이 항산화, 항염증, 항알레르기, 티로시나제 저해 활성 등이 있는 것으로 보고되었다.

• 호두는 고지혈증, 고혈압, 뇌졸중을 비롯한 암 등 다양한 질환에 대한 예방 및 면역 기능을 가진다.

• 호두 성분 중 엘라그산, 갈릭산은 면역 증강 및 항암, 오메가-3는 천식, 류머티스성 염증을 비롯하여 피부 염증에 효능이 있는 것으로 확인되었다.

05
PART

SEASONS FOOD FOR ATOPIC FAMILY

사계절

SEASONS FOOD
FOR ATOPIC FAMILY

마음을 녹이는
누룽지영양죽

어렸을 적 허리가 굽은 할머니께서 가마솥에 밥을 지으시고 바닥에 노릇노릇하게 잘 구워진 누룽지를 긁어 간식으로 주셨던 잊지 못할 소중한 기억에 어느새 내 몸은 따뜻한 온기가 느껴지며 할머니에 대한 그리움이 자리한다.

그래서 '누룽지'는 "맛있다"라고 표현하기보다는 "구수하다"라고 표현해야 더 어울리는 것 같다.

지금 우리 아이들에게는 내 기억 속에 자리한 누룽지에 대한 향수를 똑같이 느끼게 할 수는 없지만, 엄마를 생각하면 떠오르는 음식이 있다는 것만으로도 우리 아이는 분명 행복할 것이다.

그러나 바쁜 일상과 편식하는 자녀들 때문에 집집마다 식탁에 자주 오르는 반찬도 고기반찬이며, 외식할 때도 자주 먹게 되는 음식 역시 고기 종류라는 것은 자명한 일이다. 그러다 보니 우리 학교 아이들도 고기반찬이 나오는 날이면 잔반율이 훨씬 적을 뿐만 아니라 두 번씩 먹는 아이들도 많다. 그래서 우리 학교는 한 달에 한 번 '채식의 날'을 운영하고 있는데 의외로 아이들이 잘 먹는 편이다. 예를 들면 김치볶음밥에 돼지고기를 넣지 않는 대신에 김을 부수어 비벼 주니 아이들과 선생님들도 고기 넣은 김치볶음밥보다 더 잘 먹는 것 같다.

내 아이가 고기를 좋아한다는 생각에 하루도 고기 없이 식사 준비를 하지 못하는 엄마들에게 소화도 잘되면서 다양한 영양소도 보충해 줄 수 있는 누룽지영

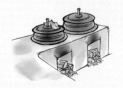

양죽을 추천하고 싶다. 추위를 녹일 수 있는 따뜻하고 구수한 누룽지영양죽은 우리 가족이 좋아하는 메뉴가 되어 줄 만큼 맛도 좋다.

요즘 시판되는 누룽지도 많지만 압력밥솥에 밥을 하다 보면 누룽지가 종종 생기는 경우가 있다. 현미 누룽지를 준비하면 더욱 좋겠다. 재료도 간단하고 만들기도 쉬워 식욕이 없는 아침 식사로 더욱 좋을 듯하다.

누룽지의 고소함도 식욕을 돋우는 요소 중 하나이며, 칼슘이 풍부한 다시마와 칼슘과 칼륨, 마그네슘, 셀레늄 등 몸에 이로운 무기질이 풍부한 당근, 피로 해소에 좋은 비타민 B_1과 체력이 약해졌을 때 회복하는 데 도움을 주는 부추 그리고 팽이버섯의 비타민 B_1은 식욕 촉진에 효과적이며 신경을 안정시키고, 두뇌에 좋은 가바가 들어 있어 성장기 아이들에게 더욱 좋은 식품이다. 또한, 당근 등의 셀레늄과 베타카로틴은 강력한 항산화작용으로 저하된 면역력 회복에도 도움을 주기 때문에 감기에 자주 걸리는 아이에게 좋다.

저녁에 당근, 부추, 팽이버섯을 다져서 준비해 놓으면 바쁜 아침에 더욱 간편하게 죽을 끓일 수 있다. 누룽지영양죽 한 그릇이면 온종일 마음까지 따뜻해져 온다.

01
—
누룽지영양죽 | 4인분

재료

현미 누룽지 200g, 당근 50g(다진 것 6큰술 정도), 부추 10g(송송 썬 것 3큰술),
팽이버섯 100g, 다시마가루 1큰술, 물 1리터, 깨소금 4큰술, 참기름 또는 (생)들기름 4큰술,
소금 약간

조리법

1 현미 누룽지를 압력밥솥에 물 1리터와 다시마가루 1큰술을 함께 넣고 밥을 짓듯이 처음에는 센 불에서 끓이다가 약불로 줄인다.

  ※ 죽을 냄비에 끓이는 것보다 압력밥솥을 이용하면 시간도 단축되고 계속 젓지 않아도 된다.

2 현미누룽지죽을 끓이는 동안 당근은 채 썰어 다지고, 부추와 팽이버섯은 송송 썬다.

3 현미누룽지죽이 푹 퍼지면 다진 당근을 넣고 약 3분 정도 저어가며 끓인 후 팽이버섯과 부추를 넣고 불을 끈다.

  ※ 부추와 팽이버섯을 넣기 전에 죽이 너무 되직하면 물을 더 추가한다.

4 완성된 죽을 그릇에 담아 깨소금 1큰술과 생들기름(또는 참기름) 1큰술을 올린다.

  ※ 간은 개인 기호에 맞게 간장 또는 소금으로 맞춘다.

아토피가이드

- 다가불포화지방산은 이중결합이 많으므로 산소와 결합하여 쉽게 과산화물을 형성하며, 특히 고온으로 가열하는 경우 많은 과산화물을 형성한다.

  ※ 죽을 끓일 때 보통 쌀을 참기름에 볶다가 끓이지만, 죽이 완성된 후에 기름을 넣어 주도록 한다.

- 팽이버섯에 콜레스테롤을 저하시키는 물질인 테르페노이드계, 혈압을 조절하는 펩타이드 글루칸이 포함되어 있어 혈압을 낮추고 콜레스테롤을 저하시킨다.

- 팽이버섯은 면역력을 높이기 때문에 암과 성인병 예방에 효과가 탁월하다.

- 당근의 베타카로틴은 자외선으로부터 피부를 보호하는 효과가 있어 태양에 노출이 많은 여름철에 특히 효과가 있다.

- 부추는 지질과산화를 억제하고, 항산화 효소계 활성을 증가시켜 산화적 스트레스를 감소시킨다.

- 참깨 및 참기름의 세사몰은 생체 내에서 항산화 효과가 있다.

미숫가루 속에 과일이 퐁당

무농약 콩두유 1컵 또는 우유 200ml, 꿀 1큰술, 미숫가루 3큰술, 딸기 3개, 사과 ¼쪽, 귤 1개,
블루베리 10알, 피칸 5알, 잣 1큰술

※ 우유에 알레르기가 있는 경우 두유를 사용하도록 한다.

※ 위에 제시한 과일 이외에 집에 있는 제철 과일과 각종 견과류(호두, 아몬드 등)를 이용하도록
　 한다. 단 알레르기가 있는 견과류는 사용하지 않는다.

조리법

1 우유나 두유에 믹서기를 이용하여 미숫가루와 꿀을 섞어 준다.

2 각종 제철 과일을 적당한 크기로 자른다.

　※ 알레르기가 있는 과일과 견과류는 사용하지 않도록 한다.

3 미숫가루를 탄 우유(두유)와 과일을 섞어 준다.

　※ 우유를 사용하면 농도가 묽고, 두유를 사용하면 농도가 약간 짙다.

아토피가이드

• 딸기는 비타민 C와 함께 항산화 활성이 있는 다양한 페놀성 화합물을 함유하고 있으며, 안토시아닌, 카테킨, 쿼서틴, 캠
  페롤과 같은 플라보노이드 및 엘라그산을 함유하고 있다. 이러한 파이토케미컬들은 항산화, 항암, 암 예방 활성과 같은
  생물학적 특성을 지닌다.

• 비타민 C는 주요 항산화제로 만성 염증 질환 개선에 도움을 주어 아토피 질환에 긍정적인 영향을 준다.

• 비타민 C는 백혈구가 정상적인 기능을 유지하는 데 필요하며, 여러 가지 약물이나 독소를 간에서 해독하는 과정에도 관여한
  다. 질병이 있을 때 면역력을 증가하기 위해서는 물론 섭취하는 약물의 해독을 위해서도 더 많은 비타민 C가 요구된다.

• 폴레페놀은 사과의 주된 항산화 활성 성분으로 특히 과피에 함유량이 높아 과육과 비교하여 품종에 따라 2~9배 정도 많
  은 것으로 알려졌다.

• 피칸에는 불포화 지방이 90%나 함유되어 있으며, 올레산은 올리브오일보다 많고 뇌신경계에 필요한 엽산이 호두의 2배
  로 뇌경색, 알츠하이머, 치매, 우울증 예방에 도움을 준다.

03

황태주먹밥을 품은
파프리카와 황태보푸라기 | 2인분

재료 황태 2마리(또는 황태채 120g), 파프리카(노랑, 빨강) 각 1개씩
밥 양념 현미오분도미밥 2공기, 생들기름 3큰술, 소금 약간
간장 양념 간장 ½큰술, 참기름 1큰술, 깨소금 1큰술
소금 양념 소금 ½큰술, 참기름 1큰술, 깨소금 1큰술
고춧가루 양념 소금 ½큰술, 고춧가루 ½큰술, 참기름 1큰술, 깨소금 1큰술

조리법

1 황태는 머리와 꼬리, 지느러미를 가위로 잘라내고, 껍질을 벗긴 후 잔 가시를 발라내어 강판에 간다.

2 황태채를 이용할 경우, 믹서기를 사용하고, 황태포를 찢어서 믹서기로 갈아도 된다.

3 고춧가루는 체로 내려 고운 고춧가루만 사용한다.

4 황태를 갈아서 만든 보푸라기를 3등분하여 각각의 볼에 제시한 양념을 넣어 양념이 고루 배도록 손으로 비벼주면서 무친다.

5 파프리카는 중간 크기로 준비하여 동글납작하게 썬다.

6 현미오분도미밥에 생들기름 3큰술과 약간의 소금을 넣어 고루 섞은 후 주먹밥을 만들어 3가지 양념의 황태보푸라기를 묻힌다.

7 동그란 파프리카 안에 양념한 밥을 채운 후 파프리카 앞과 뒷면에 황태보푸라기를 묻혀 마치 파프리카전과 같은 모양으로 만들어 접시에 담는다.

아토피가이드

- 황태는 일반 생선류보다 단백질과 칼슘, 칼륨이 풍부하며, 콜레스테롤 저하, 심혈관계 조절, 항산화 효과, 이뇨작용, 관절염과 같은 통증을 가라앉히는 데 효능이 있다.
- 황태에는 생태보다 3배 이상의 단백질이 함유되어 있으며, 간을 보호해 주는 메티오닌, 리신, 트립토판과 같은 필수아미노산이 많이 포함되어 있어 간장을 해독하는 기능도 탁월하다.
- 황태는 성질이 따뜻하여 소화 기능이 약한 사람이나 손발이 찬 사람에게 좋은 식품이며, 오염과 공해가 심한 환경에서 생활하는 현대인들의 몸속에 축적된 독소를 제거하는데 효과가 뛰어나다.
- 파프리카는 카로티노이드의 우수 급원으로 파프리카의 붉은색은 카로티노이드 중 크산토필에 속하는 캡산틴과 캡소루빈이 30~80%로 주를 이루고 있다.
- 파프리카는 비타민 C, E, 플라보노이드가 풍부하게 함유되어 있으며, 원적외선 파프리카 분말보다 생파프리카의 경우 지질산화 억제 효과가 더 우수하다.

맛에 영양을 더한
김치두부밥

아이들 방학이 시작되면 엄마들은 걱정거리가 생긴다.

"점심에는 무엇을 해주지?"

이런 고민은 아침 또는 저녁 식사를 준비할 때도 다르지 않지만, 아이들이 집에 있는 방학이면 걱정이 더 늘어난다.

그러나 이런 고민을 해결해 줄 든든한 음식이 있으니, 바로 김치다.

사계절 내내 밥상에 빠지지 않고 등장하기 때문에 귀한 대접을 받지 못할 수도 있지만, 없으면 그 빈자리가 매우 허전하다. 또한, 맛 내기가 가장 어려운 음식이며, 몇 시간 만에 뚝딱 만들어지는 것도 아니고 정성과 노력을 쏟아 숙성 기간을 거친 후에 먹어야 제맛인 음식이어서 더욱더 귀하디 귀한 반찬인 것이다.

이맘때쯤이면 김장김치가 제법 맛있게 익어 아삭아삭한 김치의 매력은 최고조에 달한다.

김치는 숙성되는 과정에서 유산균에 의해 맛이 좌우된다고 해도 과언이 아니다. 유산균은 김치 내 유해균의 번식을 억제하고, 장(腸) 속 유해균을 죽이는 항균(抗菌)작용과 장을 깨끗하게 하는 정장작용도 김치의 매력이다. 김치의 유산균은 공기가 없는 상태에서 더 잘 자라는데 옛날에 할머니께서 김치를 담그신 뒤 손으로 꼭꼭 누르고 뚜껑을 잘 닫아 놓으시던 이유가 있었던 것이다. 우리 선조들은 참 과학적이고 현명하셨다.

김치두부밥의 두 번째 주인공인 두부는 우유의 85~90%의 단백질을 함유하고 있다. 두부의 원료인 콩은 단백질 함유량이 소고기의 두 배나 되지만, 소고기와 달리 콜레스테롤이 없을 뿐 아니라 혈중 콜레스테롤 함량을 저하시켜 동맥경화, 고혈압, 심근경색 등 심혈관계질환을 예방한다. 두부를 칼등으로 으깨어 팬에 계속 볶아 주면 수분이 증발하면서 마치 다진 쇠고기를 볶아 놓은 것처럼 보슬보슬한 두부만 남게 된다.

　김치두부밥에 식감을 살리면서 부족한 영양소를 보충하기 위해 브로콜리를 넣는다. 브로콜리는 미국 타임지가 선정한 세계 10대 장수식품 중 하나로 비타민 B, C, A가 풍부하다. 비타민 C는 토마토의 8배나 들어 있으며, 비타민 A는 시신경뿐 아니라 피부 점막과 관련이 깊은 영양소로 아토피나 가려움증도 비타민 A 섭취로 효과를 볼 수 있을 정도다.

　김치두부밥에 사용하는 모든 식재료는 기름을 사용하여 볶지 않도록 한다. 기름을 고온으로 가열하는 경우 기름의 불포화지방산은 이중결합이 많으므로 산소와 결합하여 쉽게 과산화물을 형성하기 때문이다.

　집에 늘 있는 김치와 두부로 뚝딱 만들 수 있는 김치두부밥은 아이들 친구들이 갑자기 찾아와도 걱정 없는 방학의 인기 있는 점심 메뉴가 되어 줄 것이다.

04
김치두부밥 | 2인분

재료

브로콜리 40g(다진 것 4큰술), 굵은 소금 1큰술, 구운 마른 김(무염산 김) 또는 조미김(국산 재료 사용) 2장, 깨소금 2큰술

두부소보루 두부 ¾모, 구운 소금 약간, 후춧가루 약간

밥양념 오분도현미밥 2공기, 참기름 2큰술, 소금 약간

배추김치 양념 배추김치 다짓 것 2줌, 생들기름 1큰술

조리법

1 두부는 칼등으로 으깨어 기름을 두르지 않은 팬에 수분기 없이 보슬보슬하게 볶으면서 소금과 후춧가루를 약간 넣어 약하게 간을 한다.

2 브로콜리는 적당히 썰어 끓는 물에 굵은 소금 1큰술을 넣어 살짝 데친 후 찬물에 헹구어 물기를 빼고 다진다.

   ※ 브로콜리 대신에 냉장고에 있는 채소를 이용해도 좋다.

3 김치는 채 썰어 생들기름 한 큰술을 넣고 조물조물 무쳐 놓는다.

4 김은 마른 김을 살짝 구워서 부셔 넣어도 좋고, 조미김을 사용해도 좋다.

   ※ 시판되는 조미김의 경우 성분을 확인하여 신선한 것으로 선택한다. 기름 바른 지 오래된 김이면 기름이 산패되어 오히려 아토피에 좋지 않다.

5 밥에 약간의 소금과 참기름으로 양념을 하고 그 위에 김치, 두부, 김, 브로콜리를 얹어 통깨 갈은 것, 생들기름 1큰술을 올린다.

   ※ 통깨보다 깨를 갈아서 사용하면 소화흡수율이 좋다.

아토피가이드

- 김치는 생체 내 생리활성 물질인 인터루킨-1, 인터루킨-3 등 유도와 체내에 침입한 세균을 먹어 버리는 대식세포와 T세포 등 각종 면역 담당 세포를 활성화시켜 면역 조절 반응에 기여한다.
- 배추에는 유산균이 자연적으로 존재하는데 배추를 소금에 절이는 동안 부패균은 죽고 유산균은 살아남아 발효 과정에서 생성된 물질들은 암, 동맥경화, 노화 등의 원인이 되는 과산화물질, 활성산소 및 유리라디칼을 효과적으로 제거 · 소거시킴으로써 항발암, 항동맥경화, 항노화의 역할을 한다.
- 김치 유래 유산간균 중 락토바실러스 사케이는 아토피피부염 질병 악화 인자의 생육 억제작용이 뛰어나며, IgE 생성 억제 및 면역 체계 활성이 뛰어나다.
- 아토피 피험자에게 12주간 김치의 유산균을 복용한 결과 아토피피부염의 증상 개선에 유효하였다.
- 두부 단백질은 우유의 85~90%로 콩단백질의 일종인 이소플라본과 제니스틴은 유방암 등 예방에 효과적이며, 장내 독소를 제거해 변비와 대장암 등을 예방한다.
- 불포화지방산은 이중결합이 많으므로 산소와 결합하여 쉽게 과산화물을 형성하며, 특히 고온으로 가열하는 경우 많은 과산화물을 형성한다. 따라서 두부와 김치는 기름으로 볶지 않고 조리 후 넣어 주어 김치와 기름의 활성을 살리도록 한다.

05
—
홈메이드
멀티토마토소스 │ 작은1병

재료

완숙 토마토 3개(560g), 양파 ½개, 다진 마늘 2큰술, 오레가노가루 ½큰술, 월계수잎 3장, 생바질잎 4장, 파슬리가루 약간, 소금 적당량, 후춧가루 약간, 올리브유 3큰술

조리법

1 새빨갛게 익은 완숙 토마토를 준비하여 열십자로 칼집을 내어 끓는 물에 데쳐 껍질을 벗긴다.

2 껍질 벗긴 토마토는 잘게 다지고, 양파도 다진다.

3 팬에 올리브유 3큰술을 두르고 다진 마늘을 볶다가 다진 양파를 넣고 투명해질 때까지 볶는다.

4 다진 토마토를 ③에 넣고 대충 썬 생바질잎, 오레가노가루, 월계수잎, 소금, 후춧가루 약간을 넣어 반으로 졸아들 때까지(약 15분 정도) 주걱으로 저어 가며 끓인다.

5 완성된 토마토소스는 월계수잎을 빼고 파슬리가루를 뿌려준 후 병에 담아 피자나 스파게티소스로 이용한다.

아토피가이드

• 토마토는 비타민 A, B, C, E, K 등과 미네랄, 카로틴 및 라이코펜이 풍부하게 함유되어 있다. 토마토의 라이코펜과 베터카로틴 등 카로티노이드는 전립선암 억제 효과, 항산화 효과, LDL의 산화억제 효과 등이 있음이 밝혀졌다.

• 리코펜 성분은 열을 가했을 때 활성화되어 양이 증가하고 흡수율도 더 높아진다. 토마토를 삶거나 끓이는 등 가열하면 생토마토보다 리코펜의 체내 흡수율이 4배 정도 증가하며, 익힌 토마토에 올리브오일을 곁들이면 생토마토를 먹었을 때 보다 리코펜 흡수율이 9배 이상 높아진다.

• 리코펜을 많이 섭취하면 피부 합병증 예방에 효과적이라고 할 수 있다. 토마토는 아토피의 원인이 되는 소화기의 열을 내리고 세포의 노화를 방지하는 항산화 효능이 우수한 채소이다.

쌈채소딸기요거트샐러드

쌈 채소 100g, 레디시 1개, 레몬 1개(레몬즙 7큰술), 유기농 발사믹크림 약간
딸기요거트드레싱 (냉동)딸기 15알, (수제)플레인요거트 7큰술, 꿀 3큰술

조리법

1 쌈 채소를 씻을 때 마지막 물에 얼음을 넣은 물로 씻은 후 물기를 뺀다. ※ 채소를 마지막 헹굴 때 얼음물에 담갔다 빼면 더욱 싱싱하다.

2 레디시는 씻은 후 모양대로 얇게 슬라이스한다.

3 레몬은 반으로 갈라 레몬 스퀴저를 이용해 레몬을 짜서 레몬즙을 낸다.

4 딸기(또는 냉동 딸기)와 꿀 3큰술, 레몬즙을 넣고 믹서기로 갈은 후 (수제)플레인 요거트를 섞어 딸기요거트드레싱을 만든다.

5 샐러드볼에 쌈 채소를 담고 레디시를 얹은 후 딸기요거트드레싱을 섞어 준 다음 유기농 발사믹크림을 뿌린다.

아토피가이드

- 채소는 항산화 물질을 다량 함유해 면역력을 높이고 알레르기 반응을 줄이는 데 효과가 있다. 특히 녹색 채소는 아토피 치료제로 쓰이는 항히스타민제와 비슷한 효과가 있어 가려움을 줄여 주며 카로틴과 철분, 비타민 C가 풍부해 건조한 피부를 촉촉하게 만든다.

- 딸기를 포함한 장과류에 들어 있는 페놀 화합물은 항암물질의 활성 억제, 과산화물 형성 억제, 혈청 LDL 산화 억제 등 효능이 있다.

- 딸기에는 비타민 C의 함량과 페놀 화합물의 함량이 높으며, 특히 딸기의 안토시아닌 화합물은 산소라디칼을 제거하고, 산화적 스트레스에 의한 세포 변형을 억제하는 등 항산화 효과가 우수하며, 딸기를 섭취한 노년 여성들의 혈청의 항산화 능력이 증가한다고 알려졌다.

- 유산균의 섭취가 유아 아토피피부염의 증세를 호전시켜 주었다고 보고되는 등 유산균의 새로운 알레르기 조절제의 효과에 대한 연구가 이루어지고 있다.

- 유산균의 항알레르기 효과는 숙주의 면역계 증강 효과와 장내 미생물군 구성의 변화를 통한 Th1 type 면역계를 우세하게 해주는 기술 중 하나로 생각되고 있다.

엄마의 욕심을 담다

엄마들은 참 욕심이 많다.

내 아이는 무엇이든지 잘해야 된다는 욕심! 공부, 악기, 운동 등 끝이 없다. 엄마의 욕심이 아이의 욕심이 되어 바쁘게 지내는 아이도, 엄마의 욕심을 따라가기 힘든 아이도, 욕심 많은 친구들과 어울리는 아이도 모두가 지쳐 있고 스트레스를 나름 안고 지낸다.

아이가 아프거나 다치기라도 하면 엄마의 마음은 금방 바뀐다. 아무것도 바라는 것 없고 그저 건강하게만 자라길 바라는 마음으로 말이다. 그러나 그 마음은 바뀐 것이 아니다. 내 아이가 건강하길 바라는 마음은 한결같다.

그런 엄마의 마음을 고스란히 샐러드에 담아 보자. 두뇌에도 좋고, 스트레스도 날려 버리고, 면역력도 증진시키고, 피부 건강까지 생각한 샐러드! 거기에 맛도 좋고 음식의 색감도 뒤지지 않으니 엄친아의 유행어를 빌어 '엄친식'이라고 표현해도 좋겠다. 그러나 채소를 아주 싫어하는 아이에게는 그저 맛없는 음식으로 추락할 것이다. 채소를 좋아하지는 않더라도 싫어하지 않는 아이로 변화시키는 것은 엄마의 노력이며, 엄마의 몫이다.

　보통 스트레스를 받으면 매콤하면서 달콤한 음식을 찾게 되는데, 이렇게 자극적인 음식은 일시적으로 스트레스가 해소되는 듯하겠지만 스트레스를 받을 때마다 자극적인 음식만 찾는다면 위장 건강을 해칠 수 있으며 비만을 유발할 수 있다. 펜실베니아 주립대학 로리 프란시스(Lori Francis) 교수는 스트레스에 민감한 아이는 과체중이나 비만이 될 위험이 더 높다고 말했다.

　스트레스 상태에서 벗어나려면 신체의 신진대사를 원활하게 해주는 성분이 필요한데, 단호박의 비타민 $B_1 \cdot B_2$는 탄수화물과 지방이 체내 흡수되는 과정을 돕고 몸에 필요한 에너지를 만들어 스트레스 해소에 좋다. 또한, 필수아미노산을 많이 함유하고 있어 두뇌 발달에도 많은 도움이 된다.

　파프리카에는 베타카로틴, 비타민 C가 풍부해 스트레스를 해소하고 피부의 면역력을 높여준다. 브로콜리는 베타카로틴, 비타민 C, 비타민 E, 루테인, 셀레늄, 식이섬유 등 항암 물질들이 다량 함유되어 있으며, 스트레스 해소에 도움이 되는 식품으로 식탁에 자주 등장시켜야 한다.

　아이들의 시선을 한 번에 잡으려면 그릇도 한몫하니 예쁜 그릇에 단호박두부드레싱샐러드를 담아 자녀의 건강을 생각하는 엄마의 욕심을 맘껏 표현해 보자.

07
—
단호박두부
드레싱샐러드 | 한 접시

단호박(소) 1개(300~350g), 브로콜리 100g, (미니)파프리카(노란색, 적색, 주황색) 각 1개씩, 레디시 2개

두부흑임자드레싱 두부 ¼모, 흑임자 3큰술, 아카시아꿀 1큰술, 레몬즙 3큰술(½개), 레몬청 3큰술, 생들기름 1큰술

조리법

1 단호박은 껍질째 반을 자른 후 속을 파내고, 김이 오른 찜통에 찐다. 너무 푹 무르게 찌면 으깨질 수 있으므로 약 8~10분 동안 찌는 것이 좋다.

2 브로콜리는 한입 크기로 적당하게 썰어 끓는 물에 살짝 데쳐낸 후 찬물에 헹구어 온기를 빼 아삭한 식감을 살린다.

3 제시한 분량대로 두부, 아카시아꿀, 레몬즙, 레몬청을 섞어 곱게 간다.

4 흑임자 3큰술은 분마기로 곱게 갈아 두부드레싱에 생들기름 1큰술과 함께 섞는다.

5 찐 단호박은 식은 후 먹기 적당한 크기로 깍둑썰기 하고, 파프리카는 모양대로 동글동글하게 썰고, 레디시는 얄팍하게 슬라이스한다.

6 큰 샐러드볼에 단호박, 레디시, 브로콜리를 골고루 담은 후 두부드레싱을 듬뿍 뿌린다.

아토피가이드

- 단호박은 호박에 비해 고형질 함량이 월등히 높고, 아르기닌, 티로신, 시스틴, 아스파트산 등의 필수아미노산과 올레산, 리놀레산 등의 불포화지방산이 풍부하게 들어 있는 우수한 식품이다.
- 단호박은 베타카로틴의 함량이 높을 뿐만 아니라 비타민 A와 카로티노이드류, 비타민류, 칼슘, 나트륨, 인이 풍부한 섬유질을 함유하고 있으며 소화흡수율도 높다.
- 브로콜리는 특히 구리와 아연이 많고 단백질, 무기질, 비타민 C와 B_2의 함량이 콜리플라워보다 높다. 십자화과 채소 중에서 브로콜리에 다량 함유된 설포라판은 발암에 대한 방어작용을 한다.
- 브로콜리에 항암 및 해독 효소의 유도 효과가 있으며, 높은 항산화작용을 가진 베타카로틴, 루테인, 비타민 C, 셀레늄, 쿠와세틴, 글루타치온, 칼슘글루카레이트가 다량 함유되어 있다.
- 두부는 아미노산 조성이 동물성 단백질과 유사하여 곡류 위주의 식생활에서 부족되기 쉬운 리신과 같은 필수아미노산이 풍부하고 소화율이 높은 양질의 고단백질 식품이다.

라디초우와 구운과일샐러드 | 한 접시

라디초우잎 6장, 사과 ½개, 바나나 1개, 토마토 ½개, 올리브오일 1큰술, 발사믹식초 약간, 바질잎 (장식용, 생략 가능)

소스 (수제)플레인요거트 5큰술, 유자청 3큰술

조리법

1 라디초우잎은 씻은 후 물기를 빼놓는다.

2 바나나는 어슷하게 썰고, 사과는 0.7cm 두께로 동글동글하게 썰어 가운데 씨를 제거한다.

3 토마토도 사과와 같은 두께로 동글동글하게 썰어 팬에 오일을 두르고 사과, 바나나, 토마토를 굽는다.

4 플레인요거트 5큰술에 유자청(유기농) 3큰술을 섞어 소스를 만든다.

5 라디초우 잎을 접시에 펼쳐 놓고 그 위에 구운 바나나, 사과, 토마토를 얹은 후 발사믹식초를 뿌린다.

6 요거트소스를 곁들여 먹는다.

아토피가이드

• 라디초우는 쓴맛을 내는 인터빈 성분이 있어 소화를 촉진하고 심혈관계 기능을 강화하는 데 도움을 주며, 비타민과 미네랄이 풍부하며, 이 중 비타민 A, C, E와 엽산, 칼륨이 많이 함유되어 있다.

• 과일에 과민반응을 보일 경우 익혀 먹으면 더욱 안전하게 섭취할 수 있다. 예를 들어 단백질 성분은 삶고 찌고 데치면 단백질 성분이 변해 소화가 용이해진다. 익혀 먹었을 때 알레르기 반응을 보이지 않으면 서서히 생으로 먹도록 한다.

• 아토피 중증의 경우에는 채소나 과일도 살짝 끓여 익혀 먹어야 한다.

• 사과에는 식이섬유 일종인 펙틴이 풍부하다. 펙틴은 껍질에 많으며, 대장암을 예방하는 지방산을 늘리고 배변 활동을 도와주고, 장내 나쁜 균의 증식 억제 및 소화를 높인다. 사과 펙틴은 익혀 먹어야 더 많이 섭취할 수 있다. 익히는 과정에서 사과의 세포벽이 부드러워지며 펙틴의 체내 흡수율이 높아진다.

• 바나나를 구울 시 단맛이 강해지고 부드러워진다. 구운 바나나는 숙면에 도움이 되는 트립토판이 풍부하다.

• 꽃가루 알레르기가 있는 경우 꽃가루와 유사한 단백질 구조를 가지고 있으면 알레르기 증상이 유발될 수 있으므로 과일 섭취 시 주의해야 한다.

아보카도두부카프레제샐러드 | 한 접시

아보카도 1개, 마른 두부(제주) ½모, 토마토 1개, 베이비채소 10g(한줌), 바질잎(장식용)
발사믹드레싱 올리브유 2큰술, 유기농 발사믹크림 2큰술, 레몬즙 1큰술, 소금, 후추 약간

조리법

1 올리브유, 발사믹크림, 레몬즙, 소금과 후추 약간을 섞어 드레싱을 만든다.

2 생식용 마른 두부는 반 모를 모양대로 슬라이스해서 그대로 사용한다.

3 베이비채소는 씻어 물기를 빼고, 토마토는 0.5cm 두께로 썬다.

4 아보카도는 반을 갈라 숟가락으로 과육 부분만 떠내어 모양대로 슬라이스한다.

   ※ 아보카도의 겉이 진초록색일 경우 덜 익은 것이며, 거의 검은색이 가깝게 색이
      짙어지면 먹기 좋게 익은 것으로 칼로 반을 가르면 씨가 그대로 빠진다.

5 접시에 소스를 살짝 뿌린 후 베이비채소를 깔고 토마토, 두부, 아보카도 순으로 겹쳐 담은 후 드레싱을 뿌린다.

6 아보카도 껍질 안에 소스를 담아 접시 가운데 놓으면 먹을 때 소스를 더 얹어 먹을 수 있다.

아토피가이드

- 아보카도 과육은 비타민과 미네랄 함량이 풍부하고 엽산, 칼슘과 식이섬유 함량이 높으며, 포화지방산 함량이 낮고 다른 식물성 기름과 비교할 때 올레산을 주성분으로 하는 단일불포화지방산 함량이 높다.
- 아보카도의 지질 중 우수한 지방산은 단일불포화지방산으로 혈청지질을 포함한 심혈관질환에 유익하며, 카로티노이드, 비타민 B, C, E, 테르페노이드, 페놀 등의 화학 물질들은 항산화, 항균 활성을 갖는다.
- 우유 알레르기가 있어 카프레제에 꼭 들어가는 모짜렐라 치즈를 대신해 두부를 사용하도록 하고, 일반 두부보다 단단한 두부가 좋다.
- 리코펜 성분은 열을 가했을 때 활성화되어 양이 증가하고 흡수율도 더 높아진다. 토마토를 삶거나 끓이는 등 가열하면 생토마토보다 리코펜의 체내 흡수율이 4배 정도 증가하며, 익힌 토마토에 올리브오일을 곁들이면 생토마토를 먹었을 때 보다 리코펜 흡수율이 9배 이상 높아진다.
- 리코펜을 많이 섭취하면 피부 합병증 예방에 효과적이라고 할 수 있다. 토마토는 아토피 원인이 되는 소화기의 열을 내리고 세포의 노화를 방지하는 항산화 효능이 우수한 채소이다.

STORY

두루두루 좋아! 찰떡궁합이라
더 좋은 두부미역샐러드

나는 우리말 단어 중에 '두루두루'라는 말을 참 좋아한다.

'두루두루'라는 단어는 여기저기 '두루두루' 쓰임새 있게 쓰일 뿐만 아니라 모든 사람의 마음을 두루두루 평온하게 그리고 기분 좋게 해주는 말인 듯하다.

여기저기 두루두루 여행을 하며 두루두루 더 많은 경험도 하고 싶고, 두루두루 지인의 안부도 묻고 사람 노릇을 하며 살고 싶은데, 그렇게 하지 못하여 마음 한편이 늘 무겁고 불편하다.

누구나 그렇듯이 자식이 건강하고 잘 되길 바라는 마음은 부모의 한결같은 마음일 것이다. 우리 아이들이 끼와 재능을 두루두루 갖추었으면 얼마나 좋을까? 하는 욕심도 내어보지만, 그것보다 더 큰 바람은 모나지 않은 원만한 성격으로 두루두루 잘 어울리며, 어느 곳에서나 두루두루 필요한 사람이 되었으면 하는 것이다.

잘 어울린다는 것은 조화로움 그 이상이다. 서로 궁합이 잘 맞는다는 것은 조화로움을 넘어 그 이상의 가치를 실현한다. 사람 사이에게도 궁합이 있듯 식품에도 저마다 배합이 있다. 서로 궁합이 맞는 식품과 함께 먹으면 맛과 효능이 배가된다.

사계절 내내 어느 곳에서나 손쉽고 저렴하게 구할 수 있는 두부와 미역은 남녀노소 두루두루 좋아하여 우리 식탁에 자주 오르는 식품 중 하나로 찰떡궁합을 자랑한다.

집에 없으면 왠지 불안해서 떨어뜨리지 않는 식품도 미역과 두부이다. 어느 집에서나 가장 자주 접하는 음식이라서일까? 학교에서도 미역국이나 두부조림을 하면 모두 "더 주세요", "맛있어요"라고 말하기에 '잘 먹을까?'를 걱정하지 않아도 되는 음식 중 하나이다.

두부의 원료인 콩에는 사포닌이라는 성분이 있다. 이 사포닌은 과다 섭취하면 몸 안의 요오드를 빠져나가게 하는 성질이 있는데, 미역은 요오드를 보충해 주는 식품이다. 이뿐만이 아니다.

물론 두루두루 좋아하고 잘 먹는 식품이기도 하지만 미역에는 단백질, 지질, 비타민 등 모든 영양소를 고루 함유하고 있으며, 칼슘과 비타민 등이 풍부하고, 대소변 배출, 혈액 순환, 신진대사를 촉진하는 아주 좋은 건강식품이다. 또한, 두부는 다른 식품에 비해 맛이 담백하고 만복감을 주며, 다이어트를 할 때 육류 섭취를 줄이다 보면 단백질이 부족하기 쉬운데 이때 필수아미노산을 섭취할 수 있다. 소화흡수율이 96%로 높은 매우 우수한 식품이니 얼마나 다행스러운가?

오늘은 식품의 영재 같은 미역과 두부에 베이비채소와 파프리카를 곁들여 계절에 맞게 시원하고 색다르게 만들어 보자.

두부미역샐러드는 에피타이저로도 좋고 엄마가 차려 놓은 밥상의 다른 음식들과 두루두루 잘 어울려 '멋스러운 맛있는 맛!' 그리고 '찰떡궁합의 맛!'을 뽐내기에 부족함이 없다.

우리네 삶도 높고 낮음 없이 두루두루 잘 어울리며 두루두루 소통할 수 있는 마음의 여유가 필요한 것 같다.

10
두부미역샐러드 | 한 접시

재료

건미역 3g(2숟가락 정도), 두부 ⅓모, 어린잎 10g, 붉은 파프리카 약간
소스 간장 3큰술, 식초 2큰술, 다진 마늘 1작은술, 매실청 3큰술

조리법

1 건미역은 약 15분 정도 불린 후 썰어 끓는 물에 살짝 데쳐 찬물에 헹구어
물기를 뺀다.

※ 미역을 불려서 그냥 사용하는 것보다 데치면 색깔이 더 선명하고 부드러워진다.

2 어린잎은 씻어 물기를 빼고, 붉은색 파프리카는 작고 네모지게 썬다.

3 두부는 끓는 물에 데친 후 약 1cm 두께로 썬다.

4 제시한 분량대로 소스를 만들어 데친 미역에 소스 3큰술을 넣어 무쳐
놓는다.

5 접시에 두부 썬 것을 담아 그 위에 미역무침과 어린잎을 번갈아가며
얹은 후 어린잎 위에 파프리카 썬 것을 올린다.

6 두부미역샐러드 위에 남은 소스를 뿌려, 냉장고에 미리 넣어 시원하
게 먹는다.

아토피가이드

• 두부의 재료인 대두단백질은 혈중 콜레스테롤, 지질단백질(LDL) 등의 농도를 감소시켜 심혈관질환 예방 효과가 있으며,
대두 올리고당은 장내 비피스더스균 증식 촉진 등의 효과가 있다.

• 미역의 에탄올 추출물은 지방전구세포의 분화를 억제하고, 다른 갈조류와 비교하여 단백질, 지질, 비타민 등 모든 영양소
를 고루 함유하고 있다.

• 미역은 푸코이단과 같은 생리활성 물질을 많이 함유하고 있기 때문에 콜레스테롤 합성 억제, 비만 억제, 혈압 강하작용,
식이섬유의 중금속 배출 기능 및 식미 개선제로써의 특징을 가지고 있다.

• 파프리카의 주된 성분 중 하나인 비타민 C는 대표적인 항산화제로 세포에 독성을 나타내지 않고 암 예방 효과를 주는 영
양소로 인체 내에서 생성되는 자유 라디칼의 위험을 감소시키며 상피세포를 재생시키는 작용이 있는 것으로 알려졌다.

• 식초는 소화액 분비 촉진으로 장의 운동을 촉진시키고 배변을 원활히 함으로써 변비 개선 효과가 있다.

현미가래떡와플더블퐁듀 | 2인분

재료

현미떡볶이떡 300g, 아몬드슬라이스 2큰술(또는 집에 있는 견과류), 검정깨 1큰술

흑임자요거트소스 흑임자 2큰술, 수제 요거트 2큰술, 꿀 1큰술

홈메이드토마토소스(작은 1병 정도) 토마토 3개(560g), 양파 ½개, 다진 마늘 2큰술,
오레가노가루 ½큰술, 월계수 잎 3장, 생바질잎 4장, 파슬리가루 약간, 소금 적당량. 후춧가루
약간, 올리브유 3큰술

※ 꽂이(억새 젓가락) 8개

조리법

1 홈메이드 토마토소스 만드는 방법은 본책 사계절 p214를 참조하고
본 페이지에서는 생략한다.

2 흑임자 2큰술을 분마기에 곱게 갈고 제시한 분량대로 흑임자소스를
만든다.

3 와플팬에 떡이 달라붙지 않도록 솔로 현미유를 골고루 펴 바른다.

4 와플팬 위에 현미떡볶이떡을 촘촘히 올리고 슬라이스아몬드를 떡
위에 얹어준 다음 검정깨 1큰술을 골고루 뿌린다.

5 가스레인지 위에 와플팬을 올리고 앞뒤로 떡이 부드럽게 익을 정도
만 익힌다.

6 와플 1개당 4조각이 나오게 썰어 꼬지에 꽂아 흑임자소스와 토마토
소스를 곁들인다.

※ 퐁듀 소스를 찍어 먹듯이 흑임자소스와 토마토소스를 찍어 먹는다.

[흑임자요거트소스]

- 현미는 플라보노이드의 종류인 페룰산과 같은 강한 항산화제가 다량 함유되어 있어 쉽게 산화하지 않으며, 진통작용, 평활근 이완작용이 있어 장관 경련, 임신 시 자궁 수축과 경련을 억제한다고 알려져 있다.
- 리코펜을 많이 섭취하면 피부 합병증 예방에 효과적이라고 할 수 있다. 토마토는 아토피 원인이 되는 소화기의 열을 내리고 세포의 노화를 방지하는 항산화 효능이 우수한 채소이다.
- 과일에 포함되어 있는 비타민은 항산화작용으로 아토피질환에 도움을 준다.
- 검은깨와 검은쌀은 복강 비만세포의 탈과립과 IgE에 의한 비만세포의 히스타민 유리가 감소되었다. 또한, 쥐에서 전신성 혹은 국소성 아나필락시스 반응과 귀의 부종 반응이 검은깨와 검은쌀의 메탄올 추출물에 의하여 억제되었고, IgE에 의해 유도된 전신성 · 국소성 아나필락시스 반응도 감소되었다.

삼색쌀전병바나나롤 | 3롤

재료

바나나 3개, 현미유 약간
비트 반죽 비트 약간, 쌀가루 6큰술(60g), 물 60㎖, 소금 한 자밤
단호박 반죽 쌀가루 5큰술(50g), 단호박가루 1큰술(10g), 물 60㎖, 소금 한 자밤
브로콜리 반죽 쌀가루 5큰술(50g), 브로콜리가루 1큰술(10g), 물 60㎖, 소금 한 자밤

조리법

1 비트는 작게 잘라 물 60㎖ 에 담궈 우린다.

2 쌀가루 5큰술, 단호박가루 1큰술, 물 60㎖, 소금 한 자밤을 거품기로 섞어 반죽 농도가 주루룩 흐르도록 살짝 묽게 만든다.

 ※ 반죽 농도를 묽게 하면 얇게 부쳐지고 농도가 약간 되직하면 전병이 두껍게 부쳐져 떡과 같은 질감을 느낄 수가 있어 두 가지 모두 바나나와 잘 어울린다.

3 제시한 분량대로 브로콜리 반죽을 만들고, 브로콜리 대신에 쑥가루, 시금치를 사용해도 된다.

4 제시한 분량대로 비트 반죽을 만들고, 진한 비트색을 낼 경우 비트는 갈아서 사용한다.

5 현미유 약간을 프라이팬에 솔로 고루 펴 바르고 준비한 비트 반죽, 단호박 반죽, 브로콜리 반죽을 넓적하게 부친다.

6 큼직하게 부친 전병 위에 바나나 1개씩을 올려 돌돌 말아 썰어 접시에 담는다.

아토피가이드

- 바나나는 혈당 저하, 체중 감량, 인체 면역력 증강, 뇌졸중 예방에 효과가 있는 것으로 알려져 있으며, 백혈구 형성에 필수적인 비타민 B₆ 등을 함유하여 노화 방지에 효능이 있다.
- 바나나의 비타민 A와 단백질 성분은 피부 세포에 영양을 공급하여 피부 노화를 지연하고 피부를 탄력 있게 해줘 피부 미용에도 좋다.
- 브로콜리는 특히 구리와 아연이 많고 단백질, 무기질, 비타민 C와 B₂의 함량이 콜리플라워보다 높다. 십자화과 채소 중에서 브로콜리에 다량 함유된 설포라판은 발암에 대한 방어작용 나타낸다.
- 단호박은 청둥호박에 비해 비타민 A, B₁, B₂, C의 함량이 월등히 높고, 호박의 대표적 기능성 성분인 베타카로틴의 함량이 청둥호박에 비해 10배 이상 높으며 항산화능도 우수하다.
- 베타-카로틴은 레티노이드와 마찬가지로 항산화제로 작용하여 조직의 산화를 예방할 수 있으며 상피 세포를 재생시키는 작용이 있는 것으로 알려지고 있다.
- 비트는 항발암 해독 효소의 유도 효과가 높고, 안토시아닌이 함유되어 생리활성이 높은 식품이다.

바삭두부칩과
상큼토마토&달콤바나나소스

재료

쌈두부 1팩(80g)

상큼 토마토소스 토마토 1개, 양파 ¼개, 레몬 ½개, 올리브유 1큰술, 청양고추 ½개, 소금 한 자밤

달콤 바나나소스 바나나 1개, 유자청 3큰술, 파슬리가루 약간

조리법

[두부과자]

쌈 두부는 ½등분하여 페이퍼타올로 물기를 제거하고 예열된 오븐에 190~200℃에서 10분 정도 굽는다.

[상큼 토마토소스]

1 토마토는 꼭지를 제거하고 열십자로 칼집을 낸 후 끓는 물에 데쳐 낸다.

2 데친 토마토와 양파는 옥수수알갱이만 하게 썰고, 청양고추는 씨를 털어 내고 곱게 다져 올리브유, 레몬즙, 소금 한 자밤을 넣고 섞는다.

[달콤 바나나소스]

바나나는 숟가락으로 으깨어 유자청 3큰술과 섞은 후 파슬리가루를 뿌린다.

아토피가이드

- 아토피의 원인 항원으로 달걀, 우유, 콩, 땅콩, 메밀이 주류를 이루는 것으로 나타났다. 달걀, 밀가루 등에 알레르기가 있거나 그 외의 이유로 과자를 먹지 못할 경우 과자처럼 바삭한 두부칩을 만든다.

- 불포화지방산은 이중결합이 많으므로 산소와 결합하여 쉽게 과산화물을 형성하며, 특히 고온으로 가열하는 경우 많은 과산화물을 형성하기 때문에 두부를 기름으로 튀기지 않고 굽기만 해도 바삭한 두부칩을 만들 수 있다.

- 밋밋한 두부칩에 소스를 만들어 고소한 두부 맛, 상큼한 토마토 맛, 달콤한 바나나 맛을 즐길 수 있다.

- 바나나에 함유된 당질은 소화흡수가 잘되므로 위장장애나 설사 또는 위하수 증세가 있는 사람에게도 좋은 식품이며, 식이섬유가 풍부하여 칼로리에 비해 지방 함유가 적은 과실이다.

- 아토피피부염 환자들에서 모든 과일의 섭취 빈도가 유의적으로 낮았으며, 많은 연구에서 채소와 과일 섭취 감소로 인한 항산화 비타민의 낮은 섭취가 아토피 질환의 증가와 관련이 있다고 보고하고 있다.

튀기지 않은 바나나깨강정

재료

바나나 2개, 조청 2큰술

강정옷 검정깨 2큰술, 들깻가루 2큰술, 아마씨가루 2큰술, 참깨 2큰술

조리법

1 **강정옷 만들기** 참깨, 검정깨는 분마기로 간다.

2 바나나깨강정 만들기: 바나나는 3cm 길이로 썰고 조청을 묻힌 후 참깨 간 것, 아마씨가루, 들깻가루, 검정깨 간 것을 2개 씩 묻힌다.

※ 조청을 묻히지 않은 상태에서 깨를 묻혀도 잘 붙는다.

아토피가이드

- 바나나의 칼륨은 활성산소의 활성을 감소시키며, 암이나 성인병의 발생을 시초부터 막아 주는 미네랄이다. 바나나 추출액을 쥐에게 접종시키면 아무것도 접종하지 않은 쥐보다 '100배'이상 백혈구의 활동이 활발해진다는 연구가 있다. 백혈구의 활동이 활성화되면 우리 몸의 면역력이 증강된다.
- 참깨는 단백질과 지방이 주성분이나 무기질로는 칼슘이 매우 많은 것이 특색이며, 풍부한 칼슘과 리진으로 건강에 유해한 결석 생성을 예방하는 좋은 식품이다.
- 검은깨는 항산화력이 매우 강한 세사미놀이 함유되어 있어 혈액이나 세포막 등에 있는 지방 산화를 억제하는 힘이 강하며, 칼슘이나, 철, 비타민 A, B_1, B_2, E 등도 풍부하다.
- 들깨에는 오메가−3지방산인 알파−리놀렌산 등 필수 불포화지방산이 주성분을 이루고 있고, 연구 결과에 의하면 아토피 피부염 아동은 오메가−3 지방산인 알파 리놀렌산 섭취량이 정상 아동에 비해 낮았다.
- 아마씨는 섬유질이 풍부하여 콜레스테롤 저하, 혈당조절, 혈액 정화에 기여하므로 동맥경화증 및 심장질환의 예방과 치료, 다이어트, 아토피, 뇌졸중, 뼈와 피부, 대변장애, 염증 치료와 예방에 효과적이다.
- 기름기 많은 음식에 들어 있는 지방 성분은 우리 몸속에서 단백질이 분해되면서 생기는 활성산소와 결합해 과산화지질이라는 물질을 만드는데, 이로 인해 몸의 세포를 파괴하기 때문에 알레르기 증상 및 아토피성 피부염을 더욱 악화시킨다. 따라서 튀긴 음식은 가급적 삼가도록 한다.

버섯채소난황찜&
찹쌀찜 | 한 접시

재료
노루궁뎅이버섯 1개(70g), 브로콜리(중) ¼개(50g), 단호박(소) ¼개, 제철 과일

난황찜용 유정란 4개, 생파슬리 1줄기(3g), 소금 약간

찹쌀찜용 찹쌀가루 3큰술, 물 3큰술, 생파슬리(3g), 찹쌀가루 2큰술

조리법

1 노루궁뎅이버섯은 한입 크기로 찢고, 브로콜리도 한입 크기로 썬다.

2 단호박은 반으로 잘라 속을 파내고 ¼개만 한입 크기로 썰어 데치거나 찐다.

3 생파슬리는 곱게 다지고, 달걀은 흰자와 노른자를 분리하여 난황에 약간의 소금과 다진 파슬리를 넣어 섞는다.

※ 달걀에 알레르기가 있는 경우 난황만 사용하는 것도 교차 위험이 있으므로 달걀 대신 찹쌀로 조리를 하도록 한다.

4 노루궁뎅이버섯, 브로콜리, 단호박 순으로 달걀 노른자를 묻혀 접시에 담는다.

5 솔로 노른자를 버섯과 채소 위에 한 번 더 묻혀 김이 오른 찜기에 약 3분 정도 찐다.

6 노루궁뎅이버섯은 찹쌀가루만 묻히고, 찐 단호박과 브로콜리는 제시한 분량의 반죽에 묻혀 접시에 담아 찜기에 약 4~5분 정도 찐다.

7 제철 과일은 얄팍하게 썰고, 버섯채소난황찜과 찹쌀찜을 과일 위에 얹는다.

아토피가이드

• 브로콜리는 특히 구리와 아연이 많고 단백질, 무기질, 비타민 C와 B_2의 함량이 콜리플라워보다 높다. 브로콜리에 다량 함유된 설포라판은 발암에 대해 방어작용을 나타낸다는 보고가 있다.

• 노루궁뎅이버섯에는 베타글루칸이 다른 버섯보다 많이 들어 있다. 갈락토실글루칸과 만글루코키실칸의 2가지 성분은 노루궁뎅이버섯에만 들어 있는 활성 다당체로 면역 반응을 잡아 주는 호메오스타시스(항상성) 기능을 증강시켜 알레르기, 아토피 등 피부염에 효과가 있다.

• 달걀은 대표적인 식품 알레르기 유발 원인 식품으로 국내에서도 가장 높은 식품 알레르기 원인으로 조사되었다. 달걀 알레르기는 소아에게서 많이 나타나지만, 우유 알레르기와 달리 성인에게서도 나타난다.

• 달걀 알레르기는 IgE 항체가 관여하는 즉시형 과민반응인 경우가 대부분이며, 그 원인 물질은 난백 단백질로 알려져 있다. 난황 단백질도 달걀의 알레르겐으로 알려져 있으나, 난백 단백질에 비해 상대적으로 알레르기성이 매우 약하다.

두부 위에 핀 은이버섯꽃과 두부말이 | 한 접시

재료

쌈 두부 1팩, 은이버섯 50g, 파프리카(노랑, 빨강) ½개씩, 어린잎 4줌(40g), 실파 5뿌리

※ 어린잎 대신 깻잎이나 상추 등 집에 있는 채소를 사용한다.

소스 간장 3큰술, 레몬즙 2큰술, 실파 4뿌리, 레몬청 3큰술, 홍고추 1개, 다진 마늘 1작은술

조리법

1 홍고추는 씨를 뺀 후 다지고, 실파는 송송 썰어 제시한 분량대로 간 장소스를 만든다.

2 은이버섯과 쪽파는 끓는 물에 살짝 데쳐 찬물에 헹구어 물기를 뺀다.

3 파프리카는 가늘게 채 썰고, 어린잎은 씻어 물기를 뺀다.

4 쌈 두부 위에 어린잎을 얹고 그 위에 은이버섯과 파프리카를 올린다.

5 ④의 쌈 두부는 돌돌 말아 쪽파 데친 것으로 묶는다.

※ 쌈 두부를 데친 쪽파로 묶으면 먹기 편하고, 펼친 것은 쌈 싸먹듯이 양념간장 을 얹어 먹는다.

- 콩의 성분 중 피틴산은 항산화 및 해독작용을 하는 것으로 알려져 있다.
- 단백질은 음기를 보충해 주는 식품이므로 아토피성 피부염을 앓고 있는 아이들에게 반드시 필요하지만, 동물성 단백질을 소 화시키기 어렵거나 콩에 알레르기가 있다면 콩을 가공한 두부를 먹이도록 한다.
- 흰목이버섯의 다른 명칭은 은이버섯이라고 하며, 효능으로는 T세포 활성화를 통한 면역력 증가를 유도하여 항암, 항노화 효 과와 고혈압 및 동맥경화 예방, 체지방 개선, 콜레스테롤 억제 항스트레스 효과가 보고되고 있다.
- 흰목이버섯은 수분을 흡수하는 성질이 매우 강하여, 고보습 화장품 소재뿐만 아니라 항당뇨, 항혈전 효과가 있다고 보고되고 있으며, 지방 생성 억제 및 항 당뇨 활성이 증가됨을 확인하였다.
- 어린잎 채소의 주요 기능 성분인 비타민의 경우 브로콜리가 100당 56mg, 잎당귀 44mg, 케일이 43mg 함유하고 있으며, 폴 리페놀 함량은 잎들깨가 247mg으로 가장 많이 함유하고 있다.

17
노루궁뎅이버섯양배추말이 | 한 접시

재료

양배추 200g(소⅓통), 두부 ½모, 노루궁뎅이버섯 100g, 염장쌈다시마(대) 2장, 적색 파프리카 ¼개, 소금 약간, 흑임자 1큰술, 생들기름 2큰술

요거트들깨소스 그릭플레인요거트 100g, 매실청 2큰술, 레몬즙 1큰술, 올리브유 1큰술, 들깻가루 2큰술

조리법

1 김이 오른 찜통에 두부, 양배추, 노루궁뎅이버섯을 넣고, 3분 뒤에 두부와 노루궁 뎅이 버섯을 먼저 꺼내고 양배추는 5분 뒤에 꺼낸다.

2 양배추를 찌는 동안 제시한 분량대로 요거트 들깨소스를 만든다.

3 베 보자기에 두부를 꼭 짠 후 볼에 생들기름 2큰술, 소금 약간, 검정깨 한 큰술을 넣고 고루 섞는다.

4 노루궁뎅이버섯은 찢고, 파프리카는 0.7cm 너비로 길쭉하게 썬다.

5 염장 쌈 다시마는 양배추 크기만 한 것으로 씻은 후 끓는 물에 살짝 데쳐 찬물에 헹구어 물기를 뺀다.

6 찐 양배추는 도마 위에 넓적하게 겹치도록 깔고 그 위에 다시마 쌈을 올리고, 양념한 두 부를 편평하게 얹은 다음 노루궁뎅이버섯과 파프리카를 올린 후 김밥 말 듯이 돌돌 말 아 썬다.

※ 양배추 잎의 두꺼운 부분은 말기가 어려우므로 두꺼운 부분은 사용하지 않는 것이 좋다.

7 접시 위에 노루궁뎅이버섯양배추말이를 담은 후 들깨소스를 곁들인다.

아토피가이드

- 노루궁뎅이버섯의 주요 성분인 베타글루칸은 다른 약용 버섯보다 많이 들어 있다. 갈락토실글루칸과 만글루코키실칸의 2가지 성분은 노루궁뎅이버섯에만 들어 있는 특유한 활성 다당체로 알려져 있으며, 면역 반응을 잡아 주는 호메오스타시스(항상성) 기능을 증강시켜 알레르기, 아토피 등 피부염에 효과가 있다.
- 자유라디칼에 의해 유발되는 지방산화와 같은 산화적 손상을 억제할 수 있는 주요 항산화성분들은 카로티노이드, 비타민C, 페놀 화합물, 플라보노이드 등이 있으며 이들은 과일과 채소에 풍부하게 함유되어 있다.
- 파프리카는 카로티노이드의 우수 급원으로 파프리카의 붉은색은 카로티노이드 중 크산토필에 속하는 캡산틴과 캡소루빈이 30~80%로 주를 이루고 있다.
- 검은깨는 셀레늄, 토코페롤, 리그난, 세사몰 등 항산화 성분이 풍부하여 콜레스테롤 저하에 효과적이며, 풍부한 안토시아닌은 노 화 억제, 항암작용, 항균작용, 돌연변이성 억제작용, 항궤양 기능, 항산화 기능 등 여러 가지 생리활성 기능이 있다.

우리가족 아토피를 위한 88가지 계절요리, 아이밥

아토피를 이기는 면역 밥상

초판 1쇄 인쇄   2020년   6월   15일
초판 1쇄 발행   2020년   6월   22일

글·사진   강석아
감수   이환용

펴낸이   박정태
편집이사   이명수   출판기획   정하경
편집부   김동서, 위가연
마케팅   박명준, 김유경   온라인마케팅   박용대
경영지원   최윤숙

펴낸곳   광문각
출판등록   1991. 5. 31 제12-484호
주소   파주시 파주출판문화도시 광인사길 161 광문각 B/D
전화   031-955-8787   팩스   031-955-3730
E-mail   kwangmk7@hanmail.net
홈페이지   www.kwangmoonkag.co.kr
ISBN   978-89-7093-996-4   13590
가격   27,000원